ビジネスの
現場で活かす

データ分析メソッド

石居一平 著

Business Data Analysis

はじめに

本書では，ビジネスの現場でデータ分析を活用してみたい社会人や，データサイエンスとビジネスとの関わりに興味はあるものの，ビジネスにおいて実践的な活用方法がイメージできないと感じるビジネスパーソンや学生の方々に向けた解説を行っています。データサイエンスに関する各種理論そのものよりも，「いかに現実に適用させるか」というテクニックの基礎になる部分に重点を置いています。

さて近年，データサイエンス分野では，画像認識の技術を自動運転に，機械学習アルゴリズムを商品レコメンドに，といったさまざまなジャンルへの応用がなされています。データがあればそれを実生活やビジネスへ活用できる場面が多々ありますが，実際に書籍やインターネットで得た知識を応用するには，データ分析に関する知識に加え，想像力，ひらめき，アイデアが求められます。

あるとき，この「ひらめき，アイデアの根幹になる部分について，私はどのように鍛えたのか」を振り返ってみました。確かに統計学や機械学習，マーケティングの知識については，書籍やインターネット，公開講座などで身に付けてきましたが，それらはあくまで「ビジネスの現場でデータ分析を実行するためのツール」であり，「どのようにツールを使って実務をこなしていたのか」への答えは，どうやら別のところにあったようです。それは，経営者によるセミナーなどで見聞きした現場での実例や，一定の成功を収めた経営者の歴史，経営哲学にあったのです。一見，データ分析とは関係が薄そうではありますが，彼らには「冷静に，かつ的確に現状を見ている」ということと，「顧客や従業員も含め，全体をバランス良く見ながら未来を見積もっている」ということが共通しているように見えました。まさにこれは，あらゆる要素を考慮しながら，あるターゲットについて考察を深めるという，データ分析そのものだ，と著者の目に映ったのです。

そこから，統計学やマーケティング理論，行動経済学といった各種理論と身の回りのビジネス上の課題が1本の線で繋がったような感覚になりました。そして，当時勤務していた企業の小さな自社データ分析業務から他社案件まで，ひたすら現場での実践経験を積み，今日に至ります。

データサイエンスの普及は肌で感じてはいましたが，「統計学や機械学習を勉強しても，仕事での活用の仕方がわからない」という声を最近よく聞くようになりました。そこで，本書は著者の経験から，現場でのデータの捉え方や分析手法の適用方法，分析結果の活かし方についての解説に注力しました。また，本書はさまざまなタイプの読者を想定し，さまざまなケースに応用できるようなエッセンスを折り込みました。読者の方が自ら実践する場面をイメージしやすくなるよう，ほとんどの解説で身近なシチュエーションや単純なビジネスシーンの事例を用意しています。

本書を通じて「ビジネスの現場における各種分析手法や理論の当てはめ方のエッセンス」を知ることで，読者自身が現場でデータ分析を実践するための大きな一歩を踏み出せるようになることを期待しています。

2022年10月

石居　一平

目次

第 1 章

実務に使うための
データ分析とは？

本章ではビジネス現場で活かすデータ分析メソッドにおいて根幹となる考え方について，行動経済学やマーケティング分野の理論を紹介しながら解説します。データを単なる記録でなく「現場で使える道具」とするために，いくつかの身近で想像しやすいストーリーを用意し，想像しながら追体験できるような解説にしました。まずは本章を通し「現場に活かすための考え方」を身に付けましょう。

1.1 ビジネスにおけるデータ分析の役割とは

本書では，ビジネスというフィールドにおけるデータ分析について解説しますが，これは例えば科学実験や医学の臨床実験におけるデータ分析とは，毛色が大きく異なります。そこで，行動経済学の理論を用いながら「ビジネスにおけるデータ分析とは何か」について解説します。

1 分析の必要性を確認する

分析のモチベーションは，「見えないものを明らかにすること」です。そして，分析の対象は「既に起こったこと」と「いまだに起こっていないこと」という2つのタイプに分かれます。分析対象によっては，それらは時間的に連続しており，「既に起こったことといまだに起こっていないことの間には，何かしらの関係性がありそうだ」という場合もあるでしょう。

そもそも，なぜ分析の必要があるのでしょうか？

まず，日々の活動において，大抵の場合は目標や目的に沿って現在の行動を決定しますが，その決定は「想定した未来」によるところが大きいのです。企業のプロジェクトから個人の将来設計に至るまで，あらゆる日常はこの「想定した未来」の影響を強く受けています。これを「未来思考」としましょう。この未来思考は，「未来を正確に当てようと努力している」というニュアンスではなく，「おそらくこうなるだろう」という客観的な予想や「できればこうなってほしい」という願望や期待の性格を帯びているものでしょう。一喜一憂という言葉がありますが，何かしら想定した未来があってこそ，その結果から喜びや憂いが生まれるものです。もちろん，想定した未来がそのとおり訪れることこそが最も望ましいことです。この想定した未来へ到達するために，現時点の選択肢を絞っていくことができれば，これ幸いです。

しかし，実際は往々にして，そううまくいきません。このとき「うまくいかない」と思うことは，「想定した未来と訪れた現実との間にズレが発生している」ということであり，そのズレ（ギャップ）が経済的，心理的な損失をもたらすことがある，ということです。

当然ながら，そのような事態はある程度想像できて，ある程度見積もることもできますが，損失はできるだけ抑えたい，できることなら回避したい，というのが心情であり，多くの人が望むことです†。

どのように損失を回避するのか。その答えは単純で，私たちが普段から無意識に行っていること，それは「未来をできるだけ具体的に見積もる」ことにほかならないでしょう。今日は曇り，何となく雨が降りそうだからとりあえず傘を持って行こう，といった日常にありふれた行動も，立派な「未来の見積り」によってもたらされた行動です。

すると，次に課題になるのは「未来の見積り精度をどう高めるのか」ですが，これもまた難しいことではなく，例えば私たちは日常的に天気予報を見たり，ニュースを見たり，株価をチェックしたりと，関連する情報を得ることで精度を高めようとしています。

企業活動を考えてみたとき，為替相場や日経平均，国際政治のニュースなど，その情報がマクロであればあるほどアプローチしやすいですが，こと一企業の日常ともなると，自分が所属する部署に直接関係するような出来事を，スマートフォンから手軽に得られるニュース記事のように検索し，「未来の見積り精度を高める材料・情報」として入手するのは容易ではないことが多いでしょう。翻って，手元に着目すると，これまでの企業活動によって市場，顧客がもたらした売上などのデータがあるはずです。このデータは，現在あるいはそれ以前に得たものではありますが，どれも企業，部署，自らが以前に組み立てた「未来の見積り」の結果であり，「その結果を踏まえて，今から改めて未来を見積もる」ための材料や情報がひそんでいるはずです。

この見えない材料を客観的に明らかにすることが，まさしく「分析」です。

補足

特に，データから有益な知見（パターンやルール），つまり未来の見積り精度を高めることができる知見を掘り起こす活動を，データマイニングと呼んでいます。

「分析の必要性」のまとめ

- まず，人間や企業は「あるべき未来，想定した未来」を設定し，今現在，そこへ目指して進むような行動をとる。

† ここでは「損失回避」に触れましたが，機会損失が生じることもまた，できるだけ避けたいものです。

- しかし，現実との間にズレ（ギャップ）が生じる可能性があり，その場合はできるだけ「損失を回避したい」と願う。
- そこで，ある程度「未来の見積り」ができれば現時点での最適な行動が見えてきそうなので，過去から現在までの記録すなわちデータを使って，見積りの精度を高める。

ここまでが分析の必要性について説いたものですが，これを繰り返せば「あるべき未来，想定した未来」に近づくことでしょう（**図1.1**）。

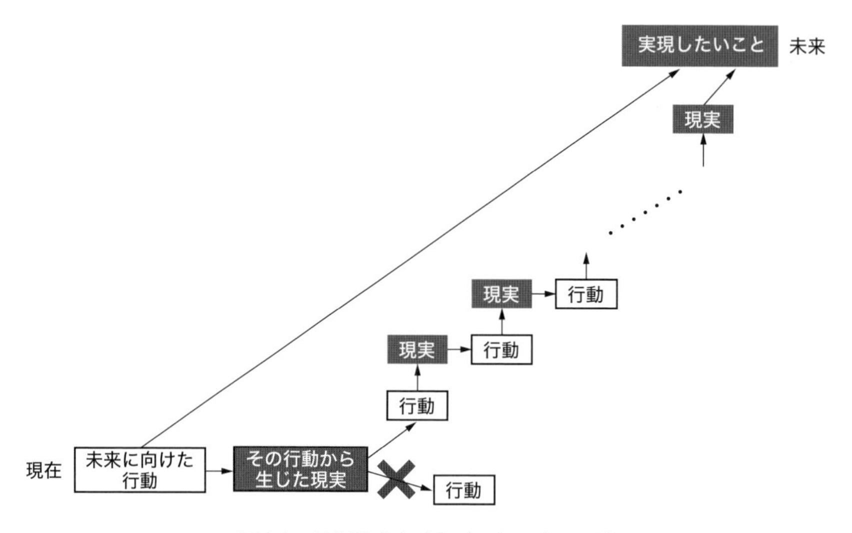

図1.1　目的達成までのプロセスイメージ

ここではあくまで未来思考，つまり基準を未来に置いたうえで現在の行動を眺めるという視点でデータ分析を捉えましたが，データ分析はほかにも，今現在とあるべき未来とのズレがどれほどかを見積もったり，過去の実績，施策，行動が妥当だったのかを評価したりと，結局のところ「見えないものや解釈のしづらいものを，できるだけ人間が理解できる形にする」という機能を有している，と考えて差し支えありません。

最後に，「人間が理解できる形」とはどのような形なのか，について解説します。その形とは，端的にいえば「現実世界の数式」です。例えば，「このお店の客単価は3,000円で，1時間に10人来店していたな」と観測していたとすると，

1時間の売上＝3,000円×10人＝30,000円

と計算できますが，これは「このお店の1時間あたりの売上を予測する数理モデルを作った（モデルを作った，モデリングをした，ともいう）」ことになり，現実世界で起こる現象を数式で表現しているともいえます。すると，分析の目的として「データから，現実世界の数理モデルを解明する」ということもいえます。

2 ビジネスデータ分析と行動経済学

ところで，ビジネスの現場では数値データを扱うことが多くありますが，数値つまり数字[††]自体は客観的であり，誰が見ても同じものです。日付，順位，売上金額，来店数，前年比などなど，計算ミスや記録ミス（場合によっては改ざん）がないのであれば，数値自体は何ら疑いようがありません。しかしながら，数値の見方，捉え方については，知っておくべき重要な人間の性質があります。

この性質については，近年注目を浴びている**「行動経済学」**の分野で説明がなされます。

行動経済学とは

平たく説明すると，「従来の経済学は『人間は合理的な意思決定をもとに行動するもの』としているが，行動経済学では『人間は必ずしも合理的な行動をとらない』とする」という前提があり，あくまで現実的な経済活動を研究対象としています。その内容は心理学的な考察を多分に含んでいるため，日常の場面を想像して共感する部分が多くなりがちです。

データ分析，ビジネスデータ活用という視点に立つと，統計学やマーケティング理論は集団や組織といった複数の人間のまとまりを対象とし，コントロールする策を模索するために利用しますが，対して行動経済学は，ミクロレベル，つまり個人レベルで起こる事象（現象）のモデルを示しており，集団のモデル化に際しその精度を向上させるために利用します。ここから，ビジネスにおける分析の目的は，集団を理解して自社にとって有益な情報の獲得を目指すこと，となりますが，手もちのデータだけだとどうしても説明が付かないような誤差が生じるこ

†† ビジネスの場では，よく「数字」という言葉を使います。ここでのデータとして得られた「数値」そのものを指す場合もありますが，データの「数値」をもとに経営指標（例えば，売上や会員数の到達目標）として生み出されるものを「数字」ということもあります。

ともあるため，これを補完するために行動経済学も有効そうだ，ということがわかります。

行動経済学は現実の行動に基づいている学問であるため，その内容を直感的に理解，共感できるケースが多いです。例えば，「自分ならどうか」と冷静に考えると納得できるケースが目の前の顧客データにも現れていて，そのようなデータになる理由がおのずと推測できることもあります。データを見たときの「ひらめき」や「気付き」を誘発しやすくするため，行動経済学の理論をある程度頭に入れた状態でデータを見ることは，大きな助けになります。実際，誤差やはずれ値が多かったり，想定していた相関関係が出てこなかったり，逆に意外な相関関係が出現したりするとき，行動経済学の理論が関係している場合もあります。

そして，最終的に何か具体的な施策を打ち出す際にも，行動経済学は役立ちます。心理学的な色合いが強いためデータ分析とは無縁のように思えますが，行動経済学は理論から導き出した仮説と現実を結ぶ重要な役割を担っています。

実務上，データ分析の目的として「なぜそうなるのか？」がターゲットとなることが多いですが，特に心理学的な領域に踏み込んだ場合，この行動経済学の各種理論で説明できるケースがあります。そこで以下では，いくつか有名な理論を紹介しましょう。

3 顧客が合理的に動かない理由を説明する「プロスペクト理論」

行動経済学の中で最も有名かつ代表的な理論が，**プロスペクト理論**です。

プロスペクト理論は，人間の行動パターンについてのモデルで，**図1.2**のように，縦軸に主観的価値観（得られる満足度や幸福度のこと）をとり，参照点（リファレンス・ポイント）と呼ばれる原点から右側（プラス側）が利益の大きさ，原点から左側（マイナス側）が損失の大きさで表されるグラフで説明できます。このグラフが表す関数を**価値関数**といい，原点から同じ量だけ離れた利益と損失

関数とは

関数とは，入力された値に対して処理を行い，1つの計算結果を返す数式のこと。例えば「$y = 2x$」という関数の場合，xに2を入れると「$y = 4$」という1つの結果を返すので，「$y = 2x$は関数」となります。ちなみに**図1.2**の価値関数の場合，横軸xが0以上のときはx^{α}（αは$0 < \alpha < 1$の定数），xが0未満のときは$\lambda(-x)^{\beta}$（λ, βは定数）という数式で説明されています。

であっても，主観的価値観の大きさが全く異なっているのが特徴です。この特徴を簡単にまとめると「人間は，得た利益と同じだけの損失を被ると，損失のほうが感じ方は大きくなる」というものです。これは価値関数の特徴の一つで**損失回避性**と呼ばれています。

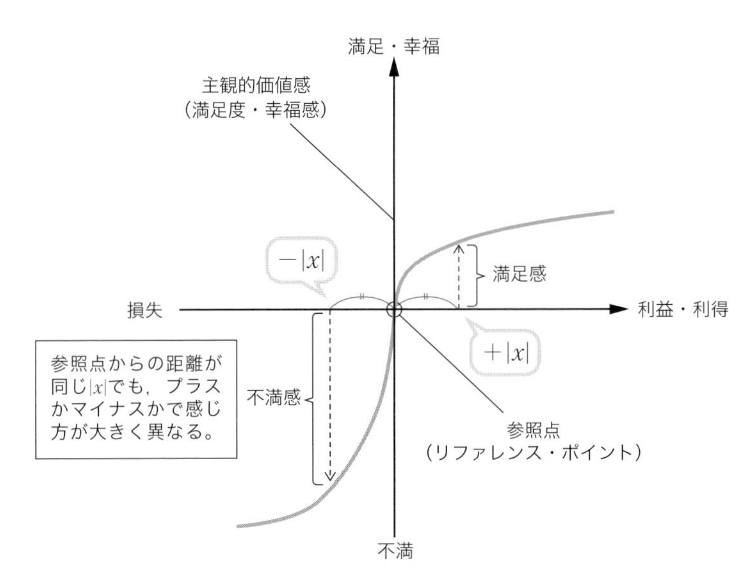

図1.2　価値関数の説明

損失回避性について納得してもらうために，具体例をいくつか挙げましょう。

損失回避性の例

例1　500円もらう喜びより，500円玉を落として失う悲しみ，悔しさのほうが大きい。

→**図1.2**の「x」が500円だとすると，参照点からの距離が同じだとしても，損失の感じ方は幸福感の2倍から2.5倍ほどになる。

例2　50％の確率で100万円の借金が帳消しになる状況と，100％の確率で借金が50万円（半分）になる状況では，前者のほうが選ばれがち。

→いずれも期待値は「借金が－50万円になる」と計算上は変わらないが，確率が低くても損失の減り方が大きいほうを選ぶ。

これら2つの例のように,「計算上,同じ大きさの数字が変化しているだけなのに,感情の動きの大きさが同じではない,そう思えない」のは,まさしく価値関数の働きによるものです。

価値関数には,ほかにも特徴があります。

図1.2の第1象限(右上のエリア)を見ると,グラフは右へ進めば進むほど縦軸方向の増え方が小さくなっていることがわかります。これは,原点が「0円」だとすると,「所持金なしの状態でもらう1,000円は嬉しいが,10万円もっているときにもらう1,000円はそれほどでもない」という感じ方を示しています。これを**感応度逓減性**といいます(**図1.3**)。

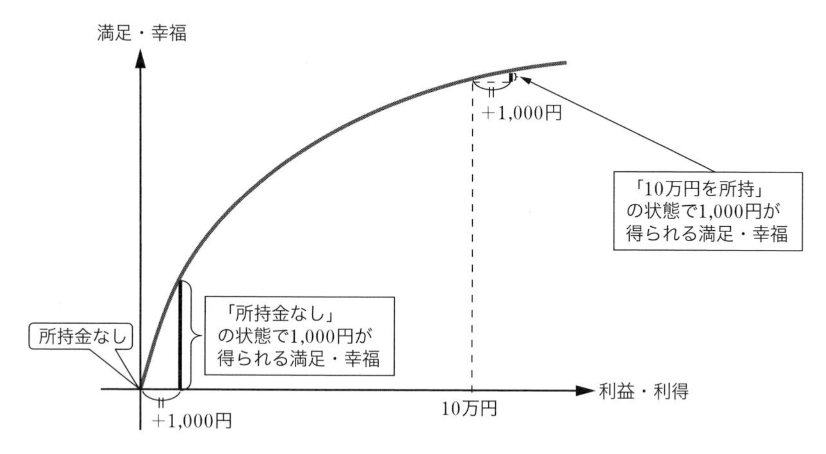

図1.3 感応度逓減性の説明

さらに,価値関数のグラフの原点である参照点(リファレンス・ポイント)は,価値判断の基準となる点です。横軸を金額で考えるとわかりやすいのですが,「自分にとっての利得が増えるか減るか,の評価が変わるところ」を意味しており,この参照点が数値に対する評価の基準となります。結果,この参照点の位置によって数値の感じ方が相対的に変わります。これを**参照点依存性**といいます。参照点は個々人が受け取る印象や環境に大きく左右されるものではありますが,外部からの影響を受ける,つまりある程度コントロールできるものでもあります。

参照点依存性についても,具体例をいくつか挙げておきましょう。

参照点依存性の例

例1 月額1.5万円の駐車場について，都心部出身のAさんは安いと思ったが地方出身のBさんは高いと思った。
→AさんとBさんは別々の参照点をもっている，ということ。

例2 1か月ほどキャンペーン価格98円だったハンバーガーの価格が120円に戻って，高く感じて買わなくなった。
→キャンペーン価格に慣れたことで参照点が移動し，元の価格への評価が以前と異なってしまっている。

プロスペクト理論は，商品やサービスを提供する際に「顧客がその価格をどのように感じるのか」を説き，これは購入するか否かに直結する部分なので，価格戦略やプロモーションを考えるときは必ず意識して損はない理論です。

補足

プロスペクト理論を説明する関数には，価値関数のほかに「確率加重関数」というものもあります。これは「確率の大きさを主観的にどう感じるか」を表し，35％以下を過大評価し，35％より大きいと過小評価する傾向がある，というものです。簡単な例でいえば

- 「飛行機が墜落する確率は0.00001％だよ」と聞いても，何となく自分が乗る飛行機に不安を感じる
- 「95％の確率で利益が出る」といわれても，感覚的に8割くらいと見積もってしまう

といった傾向は，確率加重関数で説明されます。

4 数字の見せ方で印象が変わる「フレーミング効果」

フレーミング効果とは，いわば「見せ方により受け取り側の印象が変わる」というものです†††。実務ではテクニック的な部分で利用されており，特に広告や印象的なキャッチで活用されています。

††† 「フレーミング」（framing）は動詞frameの現在分詞です。frameは「縁取る」などいう意味の動詞のほか，「枠」「縁」などという意味の名詞でもあります。

フレーミング効果の例

例1 「在庫処分セール」「改装閉店セール」
→単に「セール」と書かれるより，在庫処分や閉店するなら安くなっていると思う

例2 「80%のお客様が満足」「不満だったお客様はたったの20%」
→後者を聞くと不安になる

例3 「このアプリ1粒でビタミンCが1,000 mg」「持続効果は4週間」
→1 gも1,000 mgも同じ，4週間はほぼ1か月だが，見える数字が大きいとお得感がある

例4 月額2,980円のメンバー限定メルマガにて「1日100円以上の価値がある情報をお届けします」
→単位を変えて表示する数値を大きく（場合によっては小さく）することでお得に感じる

例5 A店「店内全品半額」vs B店「店内全品40%オフ，2点購入でさらに10%オフ」
→一見同じように見えるが，2点購入だと最終的にA店は50%オフなのに対し，B店は46%オフである（つまり，(B店の割引率)＝1－0.6×0.9＝0.46)。

このような例は，身の回りを見渡せばたくさん見つかります。数字の大小については共通認識として信頼を得やすいため，数字に関するフレーミング効果の例が比較的多く，数量（質量や時間），単位時間（1日あたり），パーセンテージのどれかになります。

5 顧客には安心するメニューがある「極端の回避性」

極端の回避性とは，簡単にいえば「真ん中を選びがち」ということです。例えば，アンケートに回答する場面では「普通」や「やや○○」を選ぶ傾向が現れることです。

別の例も取り上げましょう。ある和食のメニューが次の3種類あったとします。

- 松コース…7,000円
- 竹御膳…2,100円
- 梅定食…700円

このとき，真ん中の竹御膳が最も売れる，というものです。特に価格に関しては「松竹梅理論」と呼ばれています。松竹梅理論によると，最適な価格の比率は「10：3：1」といわれており，この比率だと販売数が「2：5：3」という比率，つまり真ん中の価格帯の商品は他のものより2倍購入される，といわれています。

このように価格戦略に寄与しそうな松竹梅理論ですが，具体的な使用方法を紹介します。まず，どのような企業にも「売れ筋にしたい商品」があると思いますが，それを真ん中の価格帯（竹）に設定し，それを中心に他の商品価格を設定します。ターゲットとする商品と同時に検討される商品の価格を売れ筋にしたい商品と比較し，価格の位置取りを確認します。

他の商品の価格帯は，ターゲット商品の3.3倍（松），もしくは1/3倍（梅）であれば，松竹梅理論の比率に合致します。とはいえ「3種類も用意していない」「4種類以上ある」「うまく値段調整できない」といった場合もあるでしょうから，その場合は値付けや商品設定を工夫する必要があります。代表的な対処法を以下に列挙します。

対処例1 3種類もない場合

→ターゲット商品のバージョンを増やします。高価格帯（松）は，いわば「プレミアム」なので他の商品にはないサービスやケアを付けたり，それが難しければ「まとめ買い」「長期継続」など，割引設定を行ってでもできる限り価格を上げたりします。逆に低価格帯（梅）であれば，「お試し価格」といった小分けにする方法をとり，中価格帯（竹）であるターゲット商品を中心とした松竹梅フォーメーションを設定します。

対処例2 4種類以上ある場合

→3種類からなるカテゴリを作れそうか，を検討します。商品サービスの個別の価格を調整することは難しいですが，商品サービスの種類，タイプで極力まとめます。それでもどうしても種類が多くなる場合，「3種類＋その他」という見せ方ができないかを検討します。

対処例3 うまく値段調整できない場合

→そもそも値段調整が難しい場合，価格の比率よりも松竹梅の段階的価格帯が見えるようにすることを優先します。高価格帯（松）はそのままで，中価格帯（竹）と低価格帯（梅）は期間限定セールなどを設けて調整し，価格帯の差を広げることも考えられます。

極端の回避性から生まれた松竹梅理論ですが，ポイントは「価格の見せ方」です。価格戦略に有効なテクニックであるため，新商品の価格検討時やここぞというときのセールなど，価格に変更を入れるタイミングで，松竹梅理論は強力な武器の一つになることでしょう。

行動経済学は人間の行動パターンを支配している規則性，法則性を考える学問といえます。「高確率でこのように行動する」という，いわば規則性を実際の記録から帰納的に導き出しているからです。そのため，どちらかというとデータを解析する段階よりも，導き出した仮説についての考察や，何かしらの施策を提唱する際にその根拠とする場面が多いです。そもそもビジネスデータは顧客の行動記録であることが多く，その最小単位は顧客，つまり人間です。このことから，行動経済学は顧客の経済行動におけるパターンの予想にも使えるため，施策考案時に大きな力となります。

ここで取り上げた行動経済学の理論から，「人間は，数字を自分の価値判断の基準で捉えがちであり，客観的に捉えることは難しい」ということがわかったかと思います。消費者でもあるビジネスパーソンは外部からさまざまな情報を取り込む際，その数値をありのまま受け入れることができないものです。ここで取り上げた行動経済学の理論は日常生活での場面を例に挙げましたが，業務で数値を目の当たりにしたときにも同じような働きが無意識に起こっているのです。

6 「カンと経験」と「データ分析」の関係

著者の印象ですが，現場レベルではまだまだデータ活用が進んでいるとまでは言いづらく感じます。また，社会全体で見ても，現在の日本は企業活動においてデータ活用がすみずみまで進んでいるとは言いがたい状況でしょう[††††]。

当然のことながら，経営者や従業員が日々データのみに基づいて行動しているはずもなく，本人が収拾した情報や過去の経験に基づいて行動の選択を行っている場合が多いでしょう。特に閑散期なら，「たぶん今日も，昨日と同じような今日だろう」という考えが浮かぶはずです。

少し視点を変えてみましょう。同じ日は1日もないはずなのに，なぜこのような考えが浮かぶのでしょうか？

†††† とはいえ，データ活用の場面は確実に広がっており，例えば自動運転などの分野では実用化も進んでいます。

まず,「昨日と同じような今日」という部分は,「昨日と同じような今日になる確率が高い」という前提がありそうです。すると,私たちの日々の行動は統計的,確率的なものに根拠を置いているように観察されるのではないでしょうか。「こういうときは,だいたいこうなる」という,いかにもカンと経験に頼っているような発想も,単にインプットとアウトプットしかないデータセットから導き出した統計的,確率的な未来の予測結果であり,データ分析との違いは「インプットとアウトプットの中間にある計算過程」がブラックボックスか否かにすぎないのです。もちろん,そのカンと経験による予測が間違っていることもありますが,その原因は次のいずれかであることが多いでしょう。

- そもそもインプットとアウトプットのどちらかが思い違いで,正しい組合せではなかった
- 計算過程に誤りがあった(あるいは計算が不十分だった)

前者はいわば「勘違い」ですので,何らかの方法で修正すれば即座に解決します。一方,後者は,予測精度,つまりインプットから生じるアウトプットの精度をできるだけ高めるために十分な検討を要します。どのように計算を行えばよいか,については予測対象によるので本章では割愛しますが(第3章で扱います),計算方法は数学的なアプローチにならざるを得ません。そして,その方法は「過去のデータを使う」ことであり,「どのように過去のデータを予測に使うのか」という部分が統計的,確率的な計算を行う行為そのものです。この一連の計算過程が「データ分析作業」そのものになっています。

ただし,自然現象を扱う科学実験とは異なり,ことビジネスにおいてはデータ分析だけに頼らず「個々人のカンと経験」が無視できない場面があります。その理由は,科学実験とは完全に異なる点があるからです。例えば売上データを想像したとき,それは「人間が生み出したデータである」,つまり,「生身の人間の経済行動から生じたデータである」という点が科学実験とは決定的に異なる,ということです。

現実には,科学実験のように規則性や法則性を表す方程式が目の前の実験から確認できるようなケースはまれです。もし,その法則や方程式がわかっていれば「この商品はどれくらい売れるのか」についてほぼ正確な予測値が判明しそうですが,そもそもこのような法則や方程式が存在するのかすらわかりません。ただ,そんな予測を行おうとしている自分自身もデータを生み出す人間なので「一人暮らしの自分だったら週に1回は買う。自分と同じような人なら…」という考えも,

あながち間違ってはいないのです。よくいわれることですが，「相手の・消費者の立場に立って考えて」というのは現場のデータ活用において非常に有効であり，これは分析する側もデータを生み出す側も同じ人間だからこそ使える考え方なのです。例えば長年，20代男性の平均的な購買パターンを見ていた販売員がカンと経験から「この手の商品は4人に1人は買ってくれるだろう」と考えているならば「この商品を知った全国の20代男性の25%はこの商品を購入する」という推論はあながち間違ってはなさそうですし，実際に分析した結果，約25%あたりの数値に落ち着く可能性は高いでしょう。つまり，カンと経験はそれなりに信頼の置ける仮説になり得るもの，分析作業レベルで考えると効率良く施策考案まで進むための時間短縮になり得るもの，ということです。

まとめると，未来の予測を行う際に「カンと経験」は一見「データ分析」とは縁がなさそうですが，人間が社会で繰り広げているビジネスという土俵において，むしろ最もお互いを補完もしくは補強し合うものである，ということです。

7 現場におけるデータ分析の使いどころ

ここまでで，ビジネスパーソンのデータへの向き合い方について見てきました。特に重要と思われるポイントを，次の2点に集約してみます。

- 人間は特に金銭に関わる情報，数値については各々何かしらの感情をもってしまい，これは避けられない性質である
- このような性質のもとに日々を過ごし，経験として蓄積され，「こういう場合はこうなるな」という経験やカンが身に付いていく

一人一人がこのような性質にあるため，同じような状況を目の当たりにしても，その見え方，解釈も人それぞれになってしまいます。さらにその状況が将来どうなるか，どのような未来が待っているのか，についてもさまざまな予測がなされることになるでしょう。

このような観点から，データ分析の役割が見えてきます。それはまさしく，そのデータを取り巻く関係者に適した「解釈の基準」を探ることです。その基準は完全に客観的で，事実をありのまま，そのまま表現することが理想です。

企業の目的を達成するためにすべきことは，大きくいえば，設定した「あるべき未来，想定した未来」に向けて，今現在どのような行動をとればよいのかを探るというもので，それは理想と現実の間にズレがあるからこそ難しいのでした。

企業は日々選択を迫られており，できるだけ「損失を回避したい」という願いのもと選択を下す必要があります。どのような根拠をもって最適な選択を下すか，その方法は「ある程度未来の見積りができること」であり，過去から現在までの記録，つまりデータを使って見積りの精度を高めることができそうです。

認識のズレをなおす

しかしながら，同じデータであっても見る人間の立場や事前知識によって異なった見え方になってしまうため，それを回避するために各種データ分析手法を活用し，関係者の間で生まれる認識のズレをなおす必要があります。これが「解釈の基準をデータから探る」という作業であり，データ分析の大きな役割です。

認識のズレがどのようにして選択決定に悪影響を及ぼすのか，について簡単な例で説明します。

データにはいくつか種類，いわば項目があります。よくある顧客満足度アンケートを思い浮かべると，そこには「住所，年齢，性別，来店のきっかけ，総合満足度，接客満足度，商品満足度」といった項目があるでしょう。企業の大きな目的として，「今月の利益は前月比100％死守」と設定しているものとしたときに，「何が利益に大きく関係しているのか」を考えます。

今回は飲食店のケースとして，先ほどのアンケートやひととおりのデータ（日時，人数などの記録やPOS[†††††]システムのデータ）も従業員の間で共有している前提で，本音の部分をヒアリングして次のような意見が出たとします。

- ホール担当Aさん「土日の家族連れが少ないと思うので，家族連れをターゲットにしたほうがよい」
- ホール担当Bさん「商品満足度が以前より低いので，提供している商品の質を見直すべき」
- キッチン担当Cさん「接客満足度がすごく低い人がいるので，接客案内に問題がないかチェックするべき」
- 広報担当Dさん「アンケートの結果を見ると「来店したきっかけ」でネットが増えてきているので，Webページをリニューアルすべき」
- 店長Eさん「野菜の仕入れ高が高騰している。商品自体の見直しもそうだが，キャンペーン対象商品は野菜を使用していないものに変えるべき」

††††† POSとは，「販売時点情報管理」のことで，バーコード情報から商品に関する情報を読み取り，単品単位で集計すること。

この5名は，それぞれが考えた根拠をもとに仮説を立てていますが，誰がどれくらいの情報をもっているのか，普段どのような情報によく接触しているのかによってデータのどの部分に比重を大きく置いているのか，に違いが出ている可能性があります。この5名それぞれの主張を並べてみると，次のようになります。

【目的：今月の利益が前月比100%を下回らないためには】

- Aさん：土日の家族連れと思われる客数が低下→家族連れの来店数を増やす
- Bさん：商品満足度が低下している→商品の質を上げる
- Cさん：接客満足度のばらつきが大きい→接客の質を上げる
- Dさん：来店きっかけ「ネット」が増加→Webページに手を加える
- Eさん：仕入れ高が高騰している→利益率の高い商品をレコメンド（推薦）する

ここで注意すべきことは，5名の立てた仮説は「それぞれの立場のスタッフが，それぞれの立場から感じていること」であり，「結局「何が正解なのか」という答えは，この時点では存在しない」ということです。「どの意見が正しかったのか」というのは結果が判明してから確定するものであり，この時点で全ての意見が，**【目的】**の最適解である可能性があります。このように考えると，最もエクセレントな回答は「全部やる」ですが，時間的，物理的に難しいのが現実です。これが現実世界の制約であり，選択を迫られる状況にある，ということです。

今回の例ではAさん～Eさんの5名にヒアリングを行って1人あたり1つの意見を取り上げましたが，より多くのスタッフに意見を求めたり，1人から複数の意見を吸い上げたりすると，多数決をとったかのようにある意見，つまり得票数の多い仮説が浮き彫りになることが考えられます。通常，このように数が集まった仮説が最適解である可能性が高いです。ただ，たまたまホール担当スタッフが極端に多い店舗や，さまざまな意見を出したキッチン担当者が多い店舗もあるため，単純に多数決をとることがベストとは限りません。

まさにこれが，解釈の基準が存在しておらず，認識のズレが選択決定に悪影響を及ぼすケースです。なお，この「悪影響」というのは強い表現ですが，選択決定に自信をもつことができず，最終的に目的（今月の利益が前月比100%を下回らないようにする）が達成できない可能性につながる，ということです。

そのような単純に多数決で決められなそうなケースであれば，データ分析により確認すべきポイントは次のようになります。

- 「以前より◯◯だ」という意見が，問題視すべきなのかを確認する
- アンケートやデータの各種項目が，利益にどの程度影響していそうなのかを調査する

これにより，各種データ分析手法を駆使することで，スタッフ共通の「解釈の基準」が判明します。そのうえで，目的達成のために

- 各仮説の中でどれが最も効果的であるかを調査し，優先順位を探る

というアプローチをとれば,「どのような選択を行うことで理想へ近づくことができるか」を浮き彫りにできます。

1.2 現場におけるデータ分析時に意識すべきこと

ビジネスのデータは，その発生源をたどれば多種多様な考えをもつ「人間」から生じているものが多く，データに向かうみなさん一人一人もその一部です。さらに，ビジネスのデータは日々生まれており，その全てを把握することは不可能です。そのような状況の中で，どのような点を意識してデータに向き合えばよいのか，について解説します。

1 最も優先的に意識すべきこと

企業は目的達成のために「あるべき未来，想定した未来」と現実とのズレをいかに埋めるか，を考え，理想の未来へ近づくための判断を下す必要があるのですが，選択肢の優先順位を探るための一つの方法がデータ分析によるデータ活用である，と説明しました。いわばビジネスデータを活用するための一つのテクニック，ということです。

ここでは，実際にデータ分析を行う際に意識すべきこと，いわばスタンスについて説明します。ここでのスタンスとは，実際にデータ分析を作業として遂行する際に意識すべきことについてです。これには次の2つがあります。

①ビジネスデータ分析は時間が限られている
②自分自身も分析対象のサンプルの一部である

①は，最も優先的に意識すべきことです。理由としては，「そもそも情報には鮮度がある」という事実があるからです。極端な例ですが，先月の顧客アンケート回答データを使うにしても，その分析や考察に半年ないし1年かかってしまうと，参考にしたデータは古いものになってしまいます。これは，かなり昔のデータを使って判断，決定を下すことは信ぴょう性がないのと同じことです。そもそも，例えば科学実験のような「本質的な法則や性質を突き止めたい」というアプローチであれば問題ありませんが，通常，来月から来期といったスパンで施策検討を行いたい場面でこのような深いレベルの分析を行うのは，時間のスケールが合っていない，ということです。

時間の制約がある実務の切り口から見てみると，「枝葉にこだわって時間，労力を浪費してはいけない」ということもいえます。例えば過去のデータを用いて予測を算出する場面でも生じますが，ある程度分析が進むと精度がなかなか上がらない，ということがよくあります。

1.1節7項でとりあげた飲食店の例における利益の予測で考えてみると，「利益率死守のため，いろいろなデータを集めて分析した結果，総合的な顧客満足度，顧客の属性，特に性別と年齢，来店人数が大きく関係していることがわかった。過去のデータでテストすると，予測の精度は70％だった。70％では不安が残るので，分析のパラメータ（分析を実行するために調整を行う値）を調整しさえすれば，あと10％は精度が向上する見込みだ」というところまで分析が進んだ場合，予測精度を上げることにそれ以上時間をかけるべきではありません。あくまで目的は「利益率死守」であり，予測精度の向上ではなかったはずです。もちろん，早い段階で高い予測精度を導き出せるに越したことはないですが，今回はスパンが月単位であったため，1か月以上分析作業にかかってしまうと，データの鮮度が落ちるスピードも早い，ということを計画段階でしっかりと見ておく必要があります。データ分析を請け負った立場であるならば，この店舗のニーズの本質は「先月の利益率死守」であることを見失ってはいけない，ということでもあります。

次に，②も意識しておきたいことです。自分自身も分析対象であるサンプルの一部であり，そのため，周辺情報に左右される危険があります。多くのビジネスデータ分析案件の場合，興味の対象は結局のところ「人間」であり，自分自身もサンプルの一部と何ら変わりない，という特徴があります。既に紹介した行動経済学のプロスペクト理論にあった，損失は大きく感じる，といった性質は，データを客観的に見ようとしている自分自身にも当てはまっているのです。行動経済学にはほかにもさまざまな理論がありますが，特にデータ分析時や考察，仮説を考える場面で自分自身が「数字を正しく感じる」ことができていないと，最後の最後に有益なアウトプットに結び付けることができません。これを回避するには，なぜ自分自身にそのようなことが起こるのか，その主な発生理由について知っておく必要があります。

その主な理由には，次の2つの性質が無意識に人間の頭の中で起こりがちであり，思考が縛られてしまう危険を有することがあります。

- **アンカリング**：特に最初に触れた情報から影響を受けやすい，という性質
- **現状維持バイアス**：なるべく変化を避け現状維持してほしい，と考えてしまう性質

以下で，この2つの性質について詳しく紹介します。これらをあらかじめ知っておくことで，データに立ち向かう自分自身が「数字を正しく感じられなくなる確率」を下げることができます。

顧客は最初の印象に引っ張られる：アンカリング

アンカリングは認知バイアス†の一つで，心理学でもよく知られる現象です。「何かしら先行して与えられた情報に後の判断が引っ張られる」というものであり，アンカリング効果ともいいます。実験の例を紹介すると，「1かける2かける3かける…を8までかけると，どれくらいになるか？」という質問と「8かける7かける6かける…を1までかけると，どれくらいになるか？」という質問を「5秒以内に答えて」と聞くと，1から話した方は正解（＝40,320）より小さい推測値を，8から話した方は大きい推測値を答える傾向がある，というものです。

これをビジネスで考えると，価格などについて消費者から見ると最初に与えられた情報の重みが大きく，後々の判断まで影響が強いことを表しています。例を挙げましょう。

例1 「納期は1か月かかります」と聞いていたが，20日ほどで到着した。

例2 通常価格24,800円のところ，商品入れ替えのため特別価格17,800円

この例のように，ほかに情報がない状態では，最初に触れた情報が基軸となり，その後の提示内容や結果についての評価へ影響が出ます。この例ではいずれも「得した，お得だ」という評価につながりやすくなります††。

アンカリングは商売だけでなく日々の生活でも観測される現象で，端的にいえば「最初の印象が大事」というものです。さらに現代はSNSなどインターネットを介した情報の伝播が早いので，顧客間の情報伝達により見えないところでアンカリングが発生している可能性を考慮する必要があります。ネットを含めた口コミ効果が伺える場合，客観的にどのような印象をもっているかを確認しながら，意外性や逆手にとるような施策も含めて対策を講じる必要があります。

分析者の立場から見ると，最初にヒアリングした人，もしくは最初に目にした集計値の印象が強く残ってしまいます。さまざまな角度から分析を進めても，初

† 認知バイアスとは，心理現象の一つで，思い込みや周囲の情報から非合理的な判断をしてしまう現象。

†† ただし，価格表示で実践する際，極端な表現や行き過ぎた表示だと景品表示法に抵触するおそれがあるため，二重価格表示になる場合は注意が必要です。

めて目にした情報の印象が無意識に強く残るものです。すると，印象が強かった文脈や数値が考察結果に色濃く出てしまう可能性があるため，たとえ順調にまとめ上げられた資料であっても，後から振り返って見直す，といった網羅的な視点で考察を行うことが求められます。

補足

アンカリング効果は得られる情報の順番についての現象ですが，ベイズ推定の分野でも同様の挙動が見られます。3.4節2項で「天気が悪い確率が，頭の中でどう変化するか」という説明がありますが，ベイズ推定は事前確率に尤度をかけて事後確率を求めるように，スタート地点の状態が重要であるという点が似通っています。事前分布，事後分布についても同様であり，これは主観的な事象の捉え方であるベイズの定理の事前確率，事前分布とアンカリング効果は密接な関係があることを示唆しています。

行動を縛る強力な性質：現状維持バイアス

現状維持バイアスは「現状維持＝今のまま，変化をしないこと」と「バイアス＝偏り，先入観，偏見」という意味の言葉の組合せになっており，人間の行動において「なるべく変化を避け，現状を維持したい」という傾向のことです。この傾向こそが，非合理を生み出す元凶となっている，と言っても過言ではありません。これは個々人の日常生活でも見られる傾向であり，よく足を運ぶお店で同じメニューを注文してしまう，というのも現状維持バイアスの表れです。この背景には「いつもと違うものを頼んで失敗するのは嫌だ」という損失を回避しようとする傾向があり，違う選択をすることで何かメリットや利益を得られる可能性があったとしても，そこに多少なりともリスクがある場合，この損失回避の思考が働きます。これは既に説明したプロスペクト理論の性質が働き，ネガティブな情報を重要視してしまうことによるものです。また，特段明確なリスクがあるわけでもない状況だとしても，人間は今まで経験したことのないことや未知の状況に対して不安を感じるものです。そのため，既に経験している，あるいは知っている事柄を選択することで安心感を抱くので，やはり結果的に現状維持という選択をとる確率が高いのです。

この現状維持バイアスが，特に購買行動においてどのように働いているのか，を考えてみます。大まかな時系列で考えてみるにあたり，顧客の購買行動のプロセスを表した「AISASモデル」を引用すると，次のような過程をたどります。

AISASモデル

1. 商品やサービスについての情報を得て，商材を知る（Attention）
2. その商材に興味関心をもつ（Interest）
3. その商材について調べる（Search）
4. 購入する（Action）
5. その商材について情報共有する（Share）

このAISASモデルの例として，中華料理の店選びを考えてみます。X氏に「たまには中華料理が食べたい」という欲求が芽生え，近所の中華料理店をネットで検索したところ，A店とB店が見つかりました。どちらも小ぎれいでかつ長く続いているお店で，お昼時は繁盛しています。Webページに掲載していた写真つきのセットメニューを見て，餃子定食がおいしそうだったA店に足を運び，900円の餃子定食を注文します。満足したX氏はSNSで今日のA店の餃子定食の画像をコメント付きでアップした後，B店にも餃子定食があることを知りました。B店の餃子定食もA店と同じく900円でしたが，デザートの杏仁豆腐が付いてくるようです。X氏は「杏仁豆腐が食べられるのか…。あってもなくても，どちらでもいいけど，今度はB店に行ってみようかな」と思いました。

X氏の行動のうちSNSにアップする場面までは典型的なAISASモデルでしたが，時が流れて次のような場面が訪れたとします。X氏のところに友人が遊びに来て，こういいました。

「ちょっと餃子でも食べたくなったし，どこか中華料理でも食べられるところ，ない？」

友人にはA店とB店それぞれの餃子定食の話をしましたが，友人は「どっちでもOK，任せる」とのことでした。この場合，次のように考えがちです。

「A店の餃子定食はおいしかったし，間違いないからA店に行こう」

この例ではA店とB店の詳細な情報がなく「どちらも小ぎれいでかつ長く続いているお店で，お昼時は繁盛しています」という部分だけで見れば，A店もB店もおよそ同じような中華料理店に思われますが，X氏の行動により，次のような情報が2点の差異として得られています。

- X氏はA店には行ったことがあるが，B店には行ったことがない
- B店の餃子定食はデザート（杏仁豆腐）付き

この場合，B店を選択することにも合理性はありそうですが，先ほどのケース

だとA店に友人を連れて行く，という行動に違和感をもつことはないでしょう[†††]。

現状維持バイアスの例は日常でいくらでも見かけますが，ここからわかるのは「最初にどれを選択したのか」というのが重要である，ということです。これは逆に考えると，「後から覆すのは難しい」ということでもあります。

このような「なるべく変化を避け，現状を維持したい」つまり「いつもと違うものを注文して失敗したくない」と損失を回避しようとする現状維持バイアスの性質は，「最初に接触した情報に後々まで引っ張られる」というアンカリングとあいまって，合理的でない行動が生じることが多々あります。ほかにも，プロスペクト理論ではリファレンス・ポイント（参照点）がどのように決まるか，によってその後の相対的な評価が個人ごとに大きく変わってしまいます。つまり，「顧客が最初に何を選択したのか，どのような印象を抱いたか」が非常に重要である，ということです。これは顧客が自社を選択するかどうか，という点で重要であるため，提供側からすれば「新規の顧客にはいかに早く自社の商材を選択させるか，既に比較対象として見られている顧客には，いかに現状維持バイアスを覆すほどの施策をとれるか」を重点的に考える必要がある，ということになります。

新規の顧客というのは自社商材を知らなかった顧客のほかに，自社商材が今までなかった新しい商品やサービスの場合は対象顧客が全員「新規の顧客」となるため，考え方は同じです。ここではスピードが大事であり，自社に有利なアンカリングを行うことを考えるとよいでしょう。関連するデータがあれば，フレーミング効果を狙うのもよいです。対して自社商材に競合がありチャレンジャーやフォロワー（**表1.1**）と考えられる場合，極端の回避性やフレーミング効果といったテクニックを巧みに取り入れるためにじっくりと吟味し，十分に競合の動きからタイミングを見て仕掛けるのがよいでしょう。

自社がリーダーのポジションに位置する場合は，より既存顧客に安心感を与えるためにハロー効果（評価される部分など目立つ特徴を強調してバイアスを生じさせる）を狙うのが効果的です。

人間はさまざまな場面で，必ず現状維持バイアスの影響を受けています。ときにこの性質が非合理を生じさせ，進歩を阻むものになっているのは確かですが，単に「変わらない」ということが一概に悪である，というわけではありません。社会や人々にとって良いものを保存，存続させることで，伝統や文化というレベ

††† もちろん，厳密に考えると友人の好みとB店の特色とのマッチングや，友人はチャレンジ好きな性格かもしれないことを考慮したり，などありますが。

表1.1　コトラーの競争地位

競争地位	特徴	主な戦略
リーダー	業界トップマーケットシェアが 最大業界を牽引する	全方位に向け自社のシェアをさらに広げる 市場自体を拡大させる
チャレンジャー	業界2～3番手に位置 トップを狙う	ライバル（リーダーかフォロワー）の弱点を 突いて差別化を図る
フォロワー	トップになることは狙わない 競合の戦略を模倣	企業存続を目指す コスト抑制により高収益化を狙う
ニッチャー	ニッチな市場（すきま市場）で 独自の地位を築く	専門特化・集中 チャレンジャーやフォロワーを目指す

ルになり，多くの恩恵をもたらすものになることもあります。現状維持バイアスの存在を認識し，商品やサービスの提供側からそれを十分に理解し，うまく利用することができれば，顧客にとっても社会にとってもトータルでメリットを生じさせることもできます。

データを利用しようとする私たちも現状維持バイアスにとらわれることなく，柔軟な思考で事象に向き合う必要がありますし，ときに現状維持バイアスの殻を打ち破る必要もある，ということです。この現状維持バイアスにかかってしまうと，正常性バイアス（特別変わったことは起こりにくい，と考えてしまうこと）が生じ，分析結果の数字を正しく感じることができず，せっかくの知見を拾えなくなってしまう危険があります。

2 分析の目的を見失わないために重要なこと

データの前処理††††が終わり，いざ分析作業に入ると，プログラムのエラーにまみれながらも一定の分析結果が導かれます。その結果を見ながら，サンプル数の多寡や用意したデータの妥当性を振り返り，場合によってはデータの用意からやり直し，手法の選択を再考し，パラメータ調整を行い…と，トライアンドエラーを繰り返すのが一般的な分析作業の進め方です。その作業工程が故に多くの体力，集中力を要するため，そもそもの目的を見失ってしまう，という問題が発生することがあります。いわゆる「手段が目的化する」というものです。

ビジネスにおけるデータ活用の大きな目的を，包括的に表現するならば

†††† 用意した生のデータを，分析ができるように手入れすることを，前処理といいます。

- 顧客や従業員，関係者，全て「人」が対象であり，その「人」がデータサイエンスの活用でより良い生活を送ること

といったところでしょうか。欲しかった商品に巡り合えること，知らなかった便利なサービスを知ること，苦痛を和らげること，これら全ては「人」に帰属しています。これら利益は「便益（ベネフィット）」ということができますが，ここでマーケティング分野におけるベネフィットについて解説します。このベネフィットは，特にビジネス現場におけるデータ分析のモチベーションとして最重要概念ともいうべき，根幹に置くべき概念である，と考えられます。

ベネフィットとは，単語そのものの意味だと「便益・恩恵・利益」となりますが，マーケティングの基礎概念であるベネフィットは「顧客が商品から得られる効果」という意味があります。このことを説明するために例を1つ示します。

例 ドリルを買いに来たお客様は，ドリル本体が欲しかったわけではない。ドリルで開けられる穴を求めに来ている。

つまり，このお客様にとってのベネフィットは，穴が開けられることであり，「顧客が商品やサービス提供を得た後に得られる体験，満足」といったニュアンスになります[†††††]。

ポイントは，「買い手は商品やサービス入手後のベネフィットを買い，売り手は商品やサービスを売っているため，同じモノ（価値）を交換できていない」という点です。ほかにも，商品やサービスは媒介でしかない，という見方もできます。

このようにベネフィットと商品の関係を捉えると，ベネフィットはまさしく「なぜその顧客がこの商品を購入したのか」の理由そのものであり，同時に商品が購入される理由は「この商品は顧客のベネフィットに応えることができるから」ということになります。しかし，そのベネフィットは売り手が知ることはほぼできません。商品からある程度想像することは可能ですが，買い手個人の事情まで特定することは不可能でしょう。

ここまでの商品と買い手のベネフィットの関係について整理すると，**図1.4**のようにまとめられます。

††††† 「ベネフィット」と似た言葉に「メリット」がありますが，「メリット」は，商品やサービスの長所のことです。

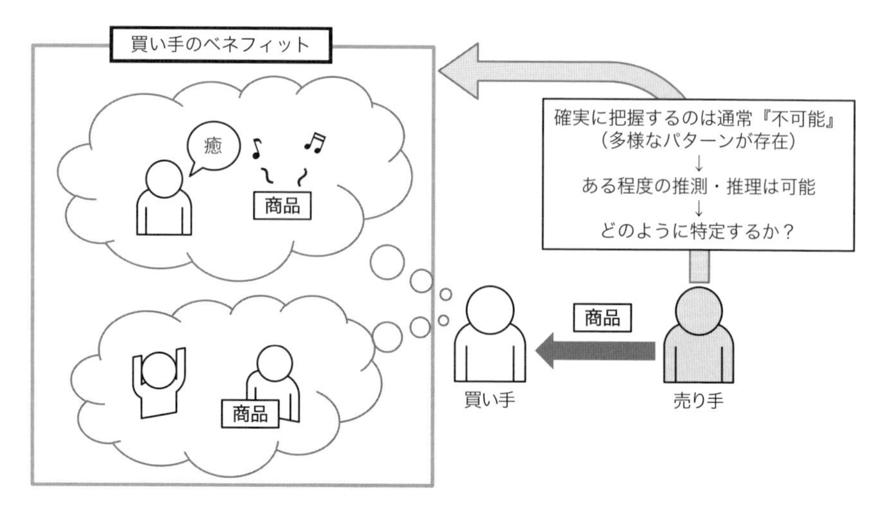

図1.4 買い手のベネフィットとは？

買い手個人のベネフィットを特定することは不可能なので，多くの買い手が付く商品をベースに考えてみましょう。

売れ筋商品がなぜ売れるのか，については「多くの顧客のベネフィットに応えることができているから」ということになります。すると，商品の売上を伸ばすには「その商品を購入する多くの顧客のベネフィットとは何なのか」，を調べる必要があります。

全てのベネフィットを正確に把握することは不可能ですが，実際の現場では全顧客それぞれの購入目的を把握する必要はなく，「狙いどおり購入する顧客が大半である」という状態を目指すことが重要なので，「この商品・サービスを購入する確率が高い顧客は，こういった理由で購入する」という，多くの見込み顧客に共通するベネフィットを明確にすることが求められます。

実社会ではアンケートなどでデータを集めることがなされていますが，もともと商品は狙いがあって存在しているわけであり，販売時点では顧客のベネフィットが想定されているはずです。よって，この「想定と現実との間にズレがあるか」，つまり「当初の狙いどおりベネフィットに応えることができているか」をできるだけ正確に調査する必要があります。

売り手の目線で全体を整理すると，**図1.5**のようにまとめられます。

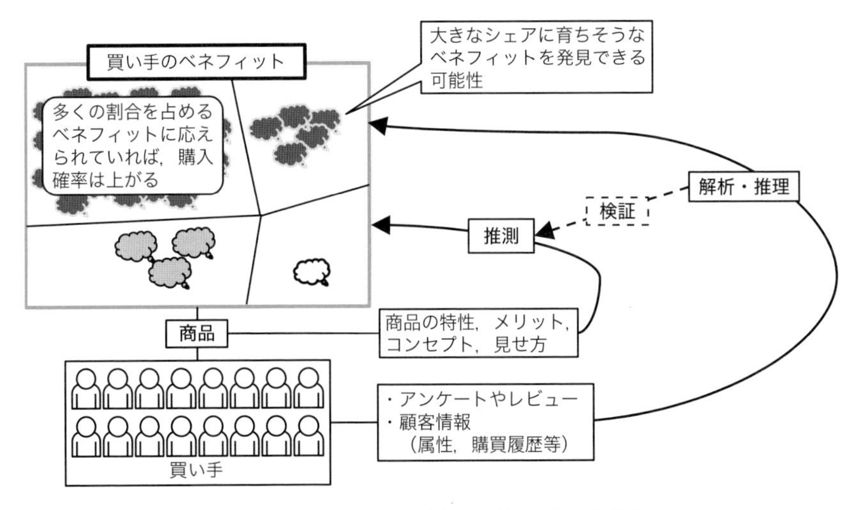

図1.5 ベネフィットに対する施策考察の全体図

アンケートで確認を行うには，まず想定しているベネフィットへの応え方ができているかどうか，を探る設問が必要です。しかし，当然想定していないケースもあるため，自由記述は必ず設置しておくべきです。このように収集できたデータは，クラスター分析や因子分析，テキストマイニングといった分析手法により「購入理由」を探り，ベネフィットに応えられているかどうかを確認します。商品やサービスのコンセプトと分析結果に大きなズレがある場合，商品サービス自体の見直しや，見せ方を工夫するなど，より買い手のベネフィットに応えられるよう施策を修正します。また，分析手法を用いることで今まで気づかなかった購入理由が浮き彫りになり，新たな知見（PRポイントになる商品の特徴，またはそれにつながるヒント）を発掘できる可能性もあります。

データの分析方針を設計する際や分析の途中，もしくは分析結果を読み取る場面で，顧客のベネフィットを意識しているかどうか，は非常に重要です。このベネフィットの存在を意識していないと，手段であるはずの分析自体が目的化してしまうおそれがあります。具体的には，「早い段階で精度の向上にこだわりすぎるあまり，ほかに取り入れるべきデータの吟味が遅れる」「結果的にベネフィットに無関係な項目を目的変数[††††††]に設定して分析を進めてしまう」など，時間

†††††† 目的変数とは，分析の対象とする項目のことです。なお，数式を用いて定量的な議論を行う場合について，3.2 節で詳しく扱います。

と労力の大幅なロスを引き起こす危険が生じてしまいます。分析の方向性を見失ってしまわないよう，常に顧客のベネフィットを意識することが有効です。

3 データを収集するときに意識しておきたいこと

分析の作業は一般的に，

- データの前処理（クレンジング）→分析→検証→考察，仮説を立てる

といった形で説明されることが多く，よく「前処理で作業全体の7～8割を要する」といわれます。実務上，おおよそこれは当てはまっています。しかしこれはあくまで「データがそろっている状態」の話であり，さらに分析や検証結果によっては前処理に戻ることもありますし，場合によってはデータ前処理のさらに前段階である「データ収集」という作業まで戻ることもあります。最初から「このデータを使って知見を探索しよう」と定められていればデータ収集の作業は発生しませんが，「どのようなデータを用意すべきか」という場面から始めなければならない場合，意識すべきことをここで説明します。

例として，1.1節7項で登場した飲食店のケースを再び見ていきましょう。ここでは，時間に沿った状況に関して細かい設定を追加します。

【状況】 3月の利益率が判明したところで，店長は4月の利益率について「今月の利益は前月比100%死守」という課題を定めた。4月1日現在，今月（4月）中旬以降の施策検討を行っている。よって，分析に充てられる期間は，およそ1週間程度。

ここまで切羽詰まったケースは現実的ではないかもしれませんが，まずスケジュール感をしっかりと確認する必要があります。分析の工程が戻る場合も鑑みて，ある程度余裕をもちたいところです。

スケジュール感は問題ないとして，先程の例の続きです。現在あるデータを確認したところ，次のような内容でした。

- アンケート回答：住所，年齢，性別，来店のきっかけ，総合満足度，接客満足度，商品満足度
- POSデータ：日時，人数などが集計されたもの

ここで，まず「1つ目の意識すべきこと」があります。それは，

- **目の前のデータが必ずしも，知りたいことや仮説を設定したうえで収集したデータであるとは限らない。**

ということです。「最初からデータ分析が目的で記録をとっていた」というケースはまれであり，高度な分析手法を使う予定だったとすると，頼りない情報に見えてしまいがちです。しかし，単純な集計値や基本統計量（平均，標準偏差など）を見ただけで有効な仮説にたどり着くこともあるため，初見のデータを軽視してはいけない，ということも覚えておくべきです。

今回はデータにアンケート回答データがありますが，ここに「2つ目に意識すべきこと」があります。

- **ビジネス現場のデータ分析は基本的に，データ間の関係を調べることによって，どのデータがどれくらい「売れる理由，その本質」に関係しているのか，といった因果関係の模索が最終目標になる。**

ということです。アンケートでは，来店の本質的な理由を探ろうとしていたはずです。

ここで別の例を考えてみます。ある学習塾が「生徒の退塾を減らすために，ミニテストの記録，授業中の様子，保護者面談の内容を詳細に記録して分析しよう」と考えた例です。この学習塾が週2日，1日あたり2時間の授業を行っているとすると，ある生徒について塾で収集できるデータは

$$2\,\text{時間}/\text{日}\times 2\,\text{日}/\text{週} = 4\,\text{時間}/\text{週}$$

であり，1日8時間睡眠をとっていると仮定すると，1週間の活動時間は

$$16\,\text{時間}/\text{日}\times 7\,\text{日}/\text{週} = 112\,\text{時間}/\text{週}$$

となり，塾で過ごしている時間，つまり収集できるデータは

$$\frac{1\,\text{週間に塾で過ごす時間}}{1\,\text{週間の活動時間}} = 4\,\text{時間}/112\,\text{時間} \fallingdotseq 3.6\,\%$$

という割合になります。つまり，目の前のデータは，本当は知りたい情報のほんの一部分でしかない，ということです。この学習塾は退塾が問題だとしているのですが，家庭環境の変化で辞めたのか，いじめにあってモチベーションが下がったのか，他の塾に鞍替えされてしまったのか……退塾に直接的な原因が塾以外，

つまり約96%の範囲にある可能性が十分にあり得ます。ましてや，1回の滞在時間がさらに少ない業態の店舗であれば数%どころではないほど小さな割合です。そうなると，アンケートの役割は「見えない部分をできるだけ聞き出す道具」と見ることもできるでしょう。ただし，個人のプライバシーのような絶対に取れないデータも確実に存在します。ここから，データ収集には「限界をわかったうえで，どれだけ因果関係を探るのに役立つ情報，データを収集できるか」という困難さがある，ということがわかります。

補 足

近年，見えなかったデータをテクノロジーで取りにいこうとする取組みも盛んになってきています。IoT（Internet of Things：モノをインターネットに接続すること。ドアの開閉をセンサーで感知して，その記録をデータとして取得するなど）が，その例です。

飲食店の例

ここで，1.1節7項で登場した飲食店の話を振り返ってみます。いま，どのようなデータがあるのかを確認し，店長に課題を聞き，分析作業について次のような方針を立てました。

【作業：利益率が前月を下回らないために，有効な仮説をデータから探る】
【初回分析方針：何が売上に大きく関係しているのかを探る】

現状，目の前のデータ以外はこの店舗に関して何ら情報をもち合わせていないとすると，まず集計や基本統計量を見ることで何らかの数値的な特徴が判明します。ただし，データでは見えない情報を探る目的で，5名の従業員にヒアリングをしていました。以下に，ヒアリングの回答に基づく各従業員の主張（推測と仮説）を再掲します。

- ホール担当Aさん：土日の家族連れと思われる客数が低下→家族連れの来店数を増やす
- ホール担当Bさん：商品満足度が低下している→商品の質を上げる
- キッチン担当Cさん：接客満足度のばらつきが大きい→接客の質を上げる
- 広報担当Dさん：来店きっかけ「ネット」が増加→Webページに手を加える
- 店長Eさん：仕入れ高が高騰している→利益率の高い商品をレコメンド（推薦）する

特にビジネス現場では，ヒアリングは非常に有効な手段です。一見，「個人の意見は参考になるのか？」と思われがちですが，現場の意見は「膨大なサンプルに触れてきた，密な情報」と見ることができるからです。顧客から収集したアンケートは未回答者が発生するものですが，来店した顧客は必ず従業員の誰かの目に留まっているはずです。さらに，従業員は顧客の見た目，行動など記録されたデータにはない情報にも接触しています。もちろん，従業員が全ての顧客を記憶しているはずもなく，既に紹介した行動経済学の理論（アンカリングなど）に影響されてしまうので，その記憶が真実である保証はありません。しかし，あらゆる情報も可能性として残しておくことが，見えない部分を推測する作業においては重要になります。

今回は，課題「今月の利益が前月比100％を下回らないためには」をヒアリング時に共有していたので，回答者である従業員5名全員が何かしらの対策案を回答しました。これにより，対策も含めた各々の仮説が出そろいました。内容を見てみると，従業員5名それぞれの立場から見た，特徴的な意見になっています。

ここから，「3つ目に意識すべきこと」により，これら情報にどう向き合うか，を説明します。3つ目に意識すべきことは，次のことです。

- **どの意見が正しいかどうか，は全く問題ではなく，課題に対する現時点での最適解はどれか，と考える。**

AさんからEさんの5名に加え，データを俯瞰的に見た自分自身を含めて少なくとも6個以上（一応，データを見て何か思うところがあったとします）の仮説が出てくるはずですが，それぞれの仮説が完全に独立している，つまりそれぞれが全く別々のことを言っている，ということはまず起こりません。例えばDさんの「Webページに手を加える」とEさんの「利益率の高い商品をレコメンド（推薦）する」という意見は同時に実施できそうです。そこで，すぐに取り掛かることのできる施策として，例えば「利益率が高い商品を目立たせるようにWebページに手を加える」とすれば，結果的に効率的な施策をとったことになるでしょう[†††††††]。

さらに，3つ目の意識すべきことに「どの意見が正しいかどうか，は全く問題ではなく」とありますが，本当に理想的な結論は（1.1.7項の繰り返しとなりますが）「全員の施策をとるべき」です。しかし，時間や費用，物理的な制約があるからこ

[†††††††] なお，特にヒアリングにおいてはインタビュアー，つまりヒアリングを行った自分自身が先入観やバイアスに影響されないよう記録する必要があります。

そ全て実行できないのであり，「現実的に実行できるものはどれなのか」を探るのが最も効率的なアプローチとなります。よって，「最も現実的で効果が出る仮説は何なのか，にあり付けることがベスト」ということです††††††††。

分析作業を終え，今回の飲食店の例では「Webページで利益率の高い商品をキャンペーンで打ち出すことで，利益率が前月を下回らない」という仮説に至ったとします。1回の調査であればこれで完了ですが，継続的に行う調査の場合はさらにもう1点，次のことを意識すべきです。

- **その時点の最適解は，あくまでその時点の最適解である。**

今回は結果的に，利益率の高い商品をWebページでレコメンドするという現実的な施策につなげて狙いどおりの効果があったかもしれませんが，この施策が未来永劫有効なのか，といえばそうとは限りません。今回の最適解は，来月の最適解ではないかもしれないのです。流行や他店の状況など，時間の流れの中で状況がどう変わるのか，それ自体がまさしく未知なので，また同じような課題がやってきたときに備え，関係する情報について広い情報収集のアンテナを張っておく必要があります。

以上で意識すべき事項の説明は終わりですが，結局のところ「ビジネスデータの分析者はいつも「未知のもの（知らない情報，見えない事実)」が多く，状況も流行の変化などで移りゆく」という圧倒的不利な状況に置かれることになるため，関係者の意見や客観的な状況把握といった作業が重要である，ということを意識する必要があります。

4 データ分析を行う際に意識すべきことのおさらい

ここまで，ビジネス現場におけるデータ分析の意義や分析作業において意識すべき事項について，マーケティング理論や行動経済学の理論を取り上げながら説明しました。一度，各ポイントを振り返ってみます。

【ビジネス現場におけるデータ分析の意義】（1.1節1項）

- 見えないものを人間が理解できるようにして，理想の未来に近づくための判断に役立てる。

†††††††† 打ち手として Web ページに手を加えるのであれば，さらに，家族連れ向けのデザインを取り入れれば A さんの意見も汲み取ることができるでしょう。

- 少ないデータから，見えない部分，未知の部分を推測する。

【現場でデータ分析を行うにあたって】（1.2節1項）

- ビジネスデータ分析は時間が限られている。
- 自分自身も分析対象のサンプルの一部であり，周辺情報に左右される危険がある。
- プロスペクト理論，フレーミング効果，アンカリング，現状維持バイアスといった影響が自分自身にも降りかかる。

【データの準備段階で意識すべきこと】（1.2節3項）

- （意識すべきこと①）目の前のデータが必ずしも，知りたいことや仮説を設定したうえで収集開始したデータであるとは限らない。
- （意識すべきこと②）ビジネスの現場のデータ分析は基本的に，データ間の関係を調べることによって，どのデータがどれくらい「売れる理由，その本質」に関係しているのか，といった因果関係の模索が最終目標になる。
- 目の前のデータは，本当に知りたい，本質的な情報のうちほんの一部分でしかない。
- 知りたい情報量に対して，実際に収集できる情報量は圧倒的に少ない。絶対に取れないデータもあるため，情報収集には限界がある。

【情報収集するときに意識すべきこと】（1.2節3項）

- 現場の意見は密な情報なので，積極的に収集すべきである。
- （意識すべきこと③）どの意見が正しいかどうか，は全く問題ではなく，課題に対する現時点での最適解はどれか，を考える。

ここまでデータ分析の工程でいえば準備段階で，以降が分析作業になります。

【現場でのデータ分析作業について】

- 分析の作業は一般的に「データの前処理（クレンジング）→分析→結果の検証（→前処理に戻る）」となる（作業ボリュームは前処理で7～8割を要する）。（1.2節3項）
- 情報には鮮度があるため，手段が目的化し時間と労力を浪費してはいけない（常にベネフィットを意識すべきである）。（1.2節2項）

5 分析プロジェクトの2つのタイプ「探索型」と「予測型」

ビジネスにおけるデータ分析のプロジェクトは大きく2つのタイプに分かれます。一つは「**探索型**」で，「なぜそうなるのか？」という原因を探ることに重きを置いたアプローチです。次に「**予測型**」で，「この先どうなるのか？」という未来の状態を探ることに重きを置いたアプローチです。それぞれの特徴は次のとおりになっています。

【探索型（図1.6）】

- 既に存在している記録が，どのような経緯で出現したのかを探る。そのために，データの項目同士がどのように関係しているのか，つまり，「データの法則性・規則性」を解明したい。
- 代表的なアプローチ：統計学などを駆使したデータマイニング（1.1節1項）。

【予測型（図1.7）】

- この先の未来がどのようになるのかを探る。そのために，このまま時間が経てばどうなるのか，を「手元の情報から未来を先取りして」予測したい。
- 代表的なアプローチ：機械学習（3.5節）を駆使した高精度な予測

まず「探索型」についてですが，これは過去のデータから法則性や規則性を探索するアプローチであり，「データの規則性が解明できたとすれば，今後も同じような状態が続くと仮定した場合，予測ができる」というアイデアに基づきます。データが大量であればあるほど，その精度は高まるとされています。

次に「予測型」ですが，これには機械学習が用いられることが多いです。そもそも機械学習は「人間が行うように予測すること」で利用されます。人間は，「手元のデータからこの先どうなるかを予測し，新たにデータを入手したら，それを参考にして考え補正し，修正した予測を行う」ということを繰り返し行いますが，機械学習はその流れを再現します。機械学習の場合，「過去のデータを訓練データとテストデータに分けて，まず訓練データでモデル（予測の根拠）を作り，それをもってテストデータから結果を行い，正解・不正解をもとにモデルを修正」ということを行っています。これを繰り返し，最も正解率の高いモデルをもって，新たなデータが入ってきたときに高精度な予測ができる，という仕組みです。

ここでは2つのタイプに分けていますが，明確にどちらかに分かれる，ということではありません。機械学習による予測がかなり良い精度で的中しているとな

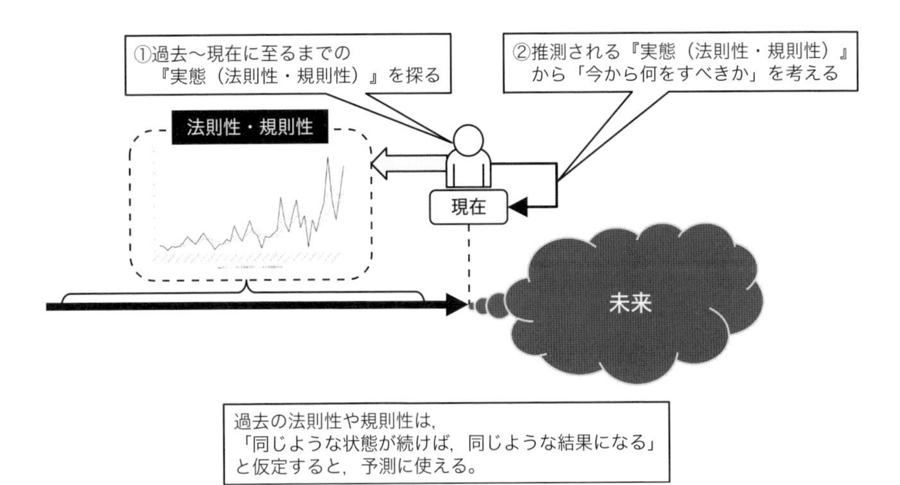

図1.6 「探索型」のアプローチイメージ

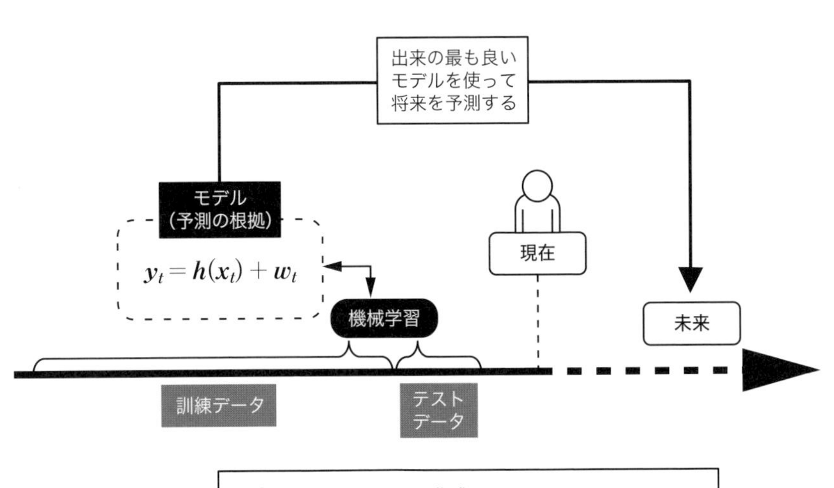

図1.7 「予測型」のアプローチイメージ

ると，予測精度の高いモデルを作成できたことになりますが，これはある意味「過去のデータから，データの規則性を解明した・発見した」ということになるため，両タイプはアプローチの面で本質的に共通している部分がある，といえます。

「探索型」は過去のデータから法則性・規則性が導き出されるのでしたが，これは「予測型」で導き出された予測結果の根拠になるモデルに相当しています。そして，「探索型」により推測された法則性・規則性は，「もし，同じような状況が訪れたら，前回と同じ結果になるはずだ」という考えに基づけば，その法則性・規則性に基づいた未来が訪れることになり，これは予測を行うことと等価になっています。対して「予測型」では分析結果として予測値や推定値が返ってきますが，どのようにその予測値を返したのかというと，その理由はやはり「過去のデータから作成したモデル」，つまり「探索型」の法則性・規則性に相当するものが存在しているからです。

それではなぜ2つのタイプに分けているのかというと，それは今から行う分析の目的（つまり，クライアントのベネフィット）が「過去～現在」か「未来」のどちらに重きを置いているのか，を明確にするためです。これは，「(分析の) 手段が目的化し時間と労力を浪費してはいけない」という部分に深く関係します。その分析の目的は何か，を明確にするために「探索型」と「予測型」に分ける，ということです。

ここまでの説明をまとめると，結局のところ「データに対して原因や規則性の発見に興味があって，その探索が目的である場合と，未来の状態に興味があって，その予測が目的である場合があるが，いずれも根幹には「データから作成したモデル」がある」ということです。実際，「とにかく予測さえできればよい」という目的の案件であっても，やはり「なぜそういう予測になったのか？」という興味が湧いてくるものなので，明確な根拠，いわば説明力が求められます。

補 足

特に機械学習は，手法によっては「それらしい予測が導き出されるが，なぜそうなったのかよくわからない」というブラックボックスになりがちなので，その根拠をわかりやすい説明付きで共有することが求められます。これが説明責任といわれるものです。

6 分析結果にどのように向き合うか

ここからは，より実務的な話題になります。分析の目的や，どのような分析を行ったかによって結果の読み取り方はさまざまになるため，ここからは例を用いながら分析結果の捉え方について解説します。

データ分析を行うと何かしらの結果が出力されますが，これはあくまで，データ分析作業が終わった，という段階であり，分析結果をどのように扱うかで，課題に対する解決策が決まります。その後の流れを見ていきましょう。

分析結果の言語化

- 分析結果をまとめる。グラフなど視覚化も検討する（共有する前提で出力結果を整える）。

分析結果の言語化は，いわば翻訳作業のようなものです。出力結果を報告書やレポートにまとめる場合，この時点から作成スタートとなります。ここではできる限りの情報を引用，客観的で見やすい形に整理します。後に関係者に共有し，数字を「正しく感じて」もらったうえで，現場に近い仮説を引き出す材料に使ってもらうための言語化作業です。

分析結果の解釈・仮説の構築

- 分析結果から問題や課題に対して役立ちそうな情報を考察する（その際，原因については推理力を，具体的な施策についてはできるだけ想像力を働かせて案を出す）†††††††††。
- なるべく早い段階で関係者を巻き込み，意見を拾う。

企業の行く末に影響を与える可能性が高いのが，まさにこの部分です。まず，できるだけ早く関係者に共有することが望ましいです。もっともらしい根拠の発見や有効な施策のアイデアが出てくることを期待します。最終的に，関係者に十分な納得感があり，実現可能な施策が定められれば，いったんゴールです。

ここまでの流れは，どちらかといえば探索型アプローチの色が強い流れでした。そこで，分析の結果としてモデルが作成され，予測値が取り出せる場合，予測結

††††††††† バイアスにとらわれながら出した仮説でないか，十分に注意を払う必要があります。

果の捉え方とその活用法に焦点を当ててみましょう。

そもそも予測は「予測値」で表現されることが多く，株価，売上，来客数という実数値データであったり，降水確率のようなパーセンテージで表現されたりします。ある時点で「予測値」が導き出されると，やがて時間が経って「結果」が判明しますが，その結果が予測どおりなのかどうか，が次に気になるトピックになります。天気予報や株価の上下だと，実際の結果と照らし合わせて「当たったので良かった」「はずれたので残念」で完結しそうですが，ビジネス現場では「予測と結果」をどのように活用できるのか，について知る必要があります。

飲食店の例

ここからは，1.2節3項の飲食店の例に続きのストーリーがあるとして，分析結果である「予測」と実際に訪れる「結果」を照らし合わせたとき，どのように考えると有効なのか，を見ていきましょう。

【飲食店の例とその後】

- 状況：3月の利益率が判明したところで，店長は4月の利益率について「今月の利益率は前月比100%死守」という課題を定めた。4月1日現在，今月（4月）16日以降の施策検討を行っている。
- データ：アンケート回答（住所，年齢，性別，来店のきっかけ，総合満足度，接客満足度，商品満足度），POSデータ（日時，人数などが集計されたもの）
- 分析方法：POSデータ，アンケート回答データを1週間ごとに区切って予測モデル作成（回帰モデル）
- 実施施策：利益率の高い商品をWebページを中心にPR
- 予測利益率：101%

また続きのストーリーとして，次の2つを設定してみます。

- ストーリー①：結果が予測を上回る（4月の利益率：106%）
- ストーリー②：結果が予測を下回る（4月の利益率：98%）

分析手法にある回帰モデルとは，どのデータがターゲットである利益率にどれくらい影響があるのか，を計算で求める手法です（3.2節1項）。3月のデータで予測モデルを作り，4月中旬までに新たに収集したデータを使って4月の利益率を計算したところ，「101%に着地する」という予測が導き出されたとします。

5月に入り，4月の利益率つまり結果が判明します。以下では，結果がストーリー

①，②のいずれかだったとしましょう。まず，いえることは「予測どおりになっていない」ということです。106％，98％と，いずれも101％とは一致していません。なぜ的中しなかったのか，その理由として思い付くのが，「作成した予測モデルが正しくなかった」ということです。

予測値は既に作成した予測モデルに基づいて算出しているため，そのモデル自体が正しくなかった，ということが考えられます。さらに「なぜモデルが正しくなかったのか」については，適切なデータがとれていない，データ量が不足していた，といったデータ自体が問題であった可能性と，分析手法が適切ではなかった，という可能性が考えられます。

では，次に取るべき行動としては「正しいモデルを追い求めて予測精度を上げる」ということが最適な行動なのでしょうか？　実は，この考え方にとらわれてしまうと，「枝葉にこだわって時間，労力を浪費してしまう」という危険な状況が生じます。店長にとってのベネフィットは「4月は利益率を下回らない」というものでした。どうしても継続的な増益にしたい事情がベースにあると推測されます。よって，「予測の的中を追い求める行為は，全く的はずれな選択である」ということになります。

ところで，「評価の基準となる数値は幅をもたせず単一の数値とするものなのか？」と感じた読者の方も多いと思います。実際，予測はある程度幅をもたせるのが一般的なので「予測値：100％～103％」としてもよかったのですが，このように幅をもたせるにしても，予測精度の向上を追い求める行為は店長のベネフィットに役立ってはいません。すると，予測値自体の評価とは別の指標で分析結果と向き合う必要があります。

今回の2つの結果（ストーリー）のうち，店長にとって嬉しい結果であったのはストーリー①です。

分析結果に着目すると「(3月～4月中旬までのデータを用いて）予測利益率は101％」とあります。これは，4月中旬までのデータを使って4月残りを予測した結果ですが，予測結果が出た時点では特段の施策を行っていない，という点が重要です。この予測結果を受けて4月16日から施策を打った，ということなので「4月16日以降の実績は，今回の分析結果がなかったら存在しないシナリオである」と考えられます。つまり，分析結果に基づいて施策を打ったので，「101％に着地する，という未来が消失した」と考えられるのです。いいかえると，「予測値は，何もしないとこの後どうなるか，を見積もったもの」ということです（**図1.8**）。

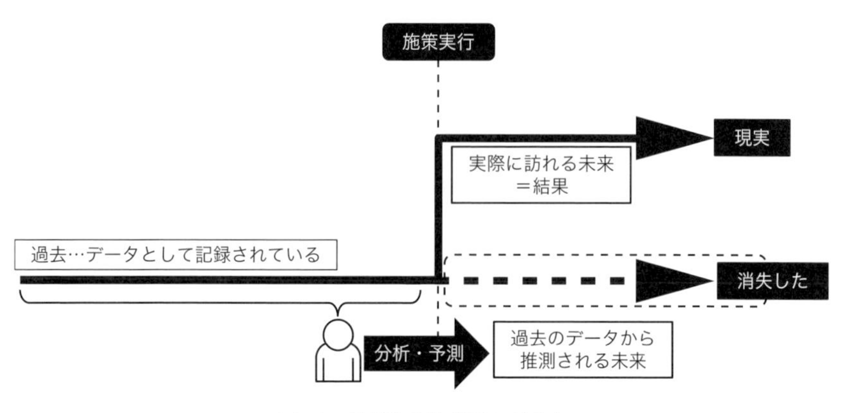

図1.8　予測と施策効果の考え方

本例はビジネス現場において「データ（今回は算出された予測値）を活用して，より良い未来に近づくために分析が役立った例」になっており，予測値の活用がなされたケースの典型です。

なお，さらに「なぜ予測値を上回ったのか」が気になります。分析結果から実行した施策は「利益率の高い商品をWebページを中心にPR」でしたが，これが直接的な原因である，とはいい切れません。分析の過程や結果は関係者に共有しているため，その共有したこと自体が従業員の士気を高めた可能性もあり，このような自社内で発生した原因を内部要因といいます。一方，店舗の外にある原因，例えば仕入れ値が下がった，近くのコンサート会場で人気アイドルグループの一大イベントがあった，など偶発的な原因も考えられますが，これらを外部要因といいます。内部要因についてはスタッフへのヒアリングや4月のアンケートである程度推測できますし，それらを差し引けば施策の効果が確かであったのか，の検証もできそうです。もちろん，Webページのアクセス状況などで施策効果自体の検証もできます。ここでいえることは，分析に使った情報以外，いわば周辺情報にも広く気を配り，いまだ知らない重要な情報がないか，を探り続けることが求められる，ということです。

対してストーリー②の場合，どのように分析結果に向き合うべきでしょうか？

ここで分析プロジェクトが終了するという悲しい結末が訪れるというシナリオも考えられますが，引き続き調査・分析を行う場合で考えてみましょう。

まず，こちらも同様に「本来は101％に着地している可能性が高かった」と考えます。すると，実施した施策「利益率の高い商品をWebページを中心にPR」

は効果がなかった，と早々に結論付けてしまいがちですが，必ずしもそれだけが原因だとはいい切れません。ストーリー②のような結果になった場合は，まずWebページのアクセス状況やPOSデータから，この施策（4月16日に実施した施策）の効果についての是非を問い，施策効果はあったものの，実は他の要因で最終的な利益率が落ち込んだ可能性がないか，を疑います。PRに注力した商品に関して顧客の関心が高まっていることでその商品の販売個数やWebページのアクセス数が伸びている場合，4月16日に実施した施策自体は効果があったと評価できるので，他の要因が関係していることがわかります。この「他の要因」とは，ストーリー①で述べた内部要因，外部要因と同じ内容で，悪影響を及ぼしそうな事態が見えないところで起こっていなかったのか，を中心に調査します。

ある程度調査が済んだところで再度分析を行いますが，次回は分析に利用するデータについて再検討する必要があります。要因を調査するための分析結果は，分析に使用したデータ以外に答えを吐き出すことはありません。できるだけ利益率や売上に関係するデータを内部要因，外部要因から取りそろえることが，より良いモデルの作成にもつながります。

まとめ

本章では，現場で使うためのデータ分析について，どのような捉え方，考え方をすべきかを解説しました。現場で使うデータ分析の目的は，「現実を正しく」見て，「あるべき未来に向けて最適解を探る」ことです。現実は「未知な情報が多い」ということを念頭に置きながら，そして同時にさまざまな可能性を想像しながら，さらに降りかかるバイアスと戦いながら現場のデータを扱うことが求められますが，本章で取り上げた注意点をしっかり意識することで，身の回りのデータを「データ分析という武器の材料」として見ることができるはずです。

第2章

分析ロジックとビジネスをつなげる思考メソッド

ビジネスにおいてデータ分析を行う際，単に「分析手法をたくさん知っている」だけでは，現場で大きな効果を期待することができません。本章では，実際に現場のデータを武器にするための，根本的な「データに対する考え方」について解説します。

2.1 ビジネスにおける「原因と結果・効果」

データ分析作業では，分析したい物事について関係のあるデータをいかに集められるか，が大きなポイントになります。物事には「○○が原因で××になった・効果が出た」といった関係，つまり因果関係がありますが，原因の「○○」と結果・効果の「××」を表の形でイメージし整理することは，物事について関係のあるデータを集める手助けになるのです。本節では簡単な例を通して，ビジネスの現場におけるデータ分析業務全般に有用な「原因と結果・効果の表」の考え方について解説します。

1 「表」を「ビジネスで使えるツール」として捉える

データは，おおむね表の形で整理される場合が多いです。企業であれば貸借対照表や顧客リスト，学校であれば生徒の出欠表や成績表，ほかにも野球などの対戦競技のスコアボード，……というように，世の中にあるデータは表の形でよく目にします。

表には縦軸（縦方向に並んでいる，行の見出し）と横軸（横方向に並んでいる，列の見出し）があり，各軸の見出しに対応した何かしらの項目が配置されています。例えば，**表2.1**(a)に示す野球のスコアボードでは，縦軸に対戦する2チームが，横軸にゲーム数（回数）等が記載されます。また，試験の成績表の場合，**表2.1**(b)のような生徒個人の成績表では，縦軸には教科名や科目名が，横軸には時期や試験種が記載されますし，**表2.1**(c)のような特定の試験における成績一覧表では，縦軸には生徒名が，横軸には教科名が記載されます。

もし，表を用いることなく，例えば**表2.1**(a)の内容を「甲高校は1回表で0点，2回表で2点，……，乙高校は1回裏で2点，2回裏で0点，……」のように文章で表現すると長々となってしまいますし，場合によっては内容（情報）の把握に時間がかかってしまうこともあるでしょう。このことから，表は「情報を把握するために整理されたもの」と捉えることができるため，情報の把握に有用なツールであるといえることがわかります。

さらに，**表2.1**(b)と**表2.1**(c)を見比べると，同じ成績データでも，表の作り方（縦軸と横軸の項目の並べ方）次第で異なる用途に使えることがわかるでしょう。

Aさん個人の各教科の成績の推移を知りたい目的であれば，**表2.1**(b)を横に見ていくことで知ることができますし，今回行ったテストについて，全生徒・各教科の成績を把握したい目的であれば，**表2.1**(c)を見ることで把握することができます。ここでわかることは，**データは「利用目的に適した表の形」に整理することで，活用の幅を広げることができる**ということです。

なお，**表2.1**(c)の縦軸には生徒名が重複なく（同じ項目が2回以上現れることなく）並べられていますが，これを「ユニークである」といいます。

表2.1　さまざまな表

(a)　野球のスコアボード

	一	二	三	四	五	六	七	八	九	計
甲高校	0	2	1	0	0					
乙高校	2	0	0	0	1					

(b)　Aさんの成績表

	1学期		2学期		3学期	
教科	中間	期末	中間	期末	中間	期末
国語	54	60	80	60	…	…
英語	75	84	68	68	…	…
数学	42	60	55	80	…	…
理科	55	68	58	65	…	…
社会	73	67	60	54	…	…
…	…	…	…	…	…	…

(c)　クラスの全生徒の成績一覧

教科	国語	英語	数学	理科	社会	…
Aさん	60	68	80	65	54	…
Bさん	53	40	55	49	70	…
Cさん	85	90	68	75	77	…
…	…	…	…	…	…	…

次に，ある企業の購買データ（購買記録，**表2.2**(a)）と顧客リスト（**表2.2**(b)）を見てみましょう。共通するのは，列の左端が顧客名になっていることです。**表2.2**(a)では，個々の購買記録が縦にずらっと並び，横軸には顧客名・購入日・購入品，いわば購買記録が並んでいます。この表は顧客一人一人についての情報をまとめた顧客リスト（**表2.2**(b)）とは違い，同じ人が別の日に何かを購入することもあるため，顧客名が重複して現れます。購買記録を追加していけば**表2.2**(a)

はどんどん長くなっていきそうですが，「誰が」・「いつ」・「何を」買ったのかを調べるには適しています。一方，顧客リスト（**表2.2**(b)）は顧客個人の情報が並んでいるため，同じ顧客が2回出現することはなく（つまりユニークであり），特定の顧客について調べるには適しています。

このように，列の一番左端に顧客名を並べた表でも，残りの列，つまり横軸に何をもってくるかで，その表が示す情報が大きく異なることがわかります。

表2.2　購買データと顧客リスト

(a)　購買データ（購買記録）

顧客名	購入日	購入品
田中A子	5/1	竹定食，烏龍茶
山下C子	5/1	サービス定食
田中A子	5/1	おつまみセット，ビール
上田D夫	5/2	サービス定食，緑茶
佐藤B子	5/2	梅定食，緑茶，デザート
田中A子	5/2	梅定食，烏龍茶
上田D夫	5/2	おつまみセット，ビール
佐藤B子	5/2	日本酒，ビール
山下C子	5/3	竹定食，緑茶
…	…	…

(b)　顧客リスト（顧客名簿）

顧客名	年齢	性別	住所	電話番号	…
田中A子	30	女性	東京都千代田区○×	080-0000-…	
佐藤B子	29	女性	大阪府大阪市○×	090-0000-…	
山下C子	24	女性	愛知県名古屋市○×	080-1111-…	
上田D夫	34	男性	京都府京都市○×	090-2222-…	
…					

2　「原因と結果・効果の表」で商いを捉える（情報の取捨選択）

唐突ですが，ここで一つ，有名なことわざを取り上げましょう。

「風が吹けば桶屋が儲かる」

このことわざは，「ある事象が起こると，それとは一見無関係な事象に影響が及ぶことがある」という意味ですが，**図2.1**に示す順に事象が起こることを表したものだそうです。

(1) 大風が吹けば土埃が立ち，眼病を患う人が増加する。

(2) 眼病を患う人が三味線を生業とし，三味線の需要が増える。

(3) 三味線の製造には猫の皮が欠かせないことから，猫が減り，鼠が増加する。

(4) 鼠は箱の類い（桶など）をかじることから，桶の需要が増加し，桶屋が儲かる。

図2.1 「風が吹けば桶屋が儲かる」の事象

このように，「風が吹けば桶屋が儲かる」は因果関係を面白く（？）端的に表現したことわざといえますが，**図2.1**に示した事象を，順を追って書き上げてみると，次のようになります。

風が吹く→土埃が立つ→眼病患者が増える→三味線の需要が増える
→猫が減る→鼠が増える→桶が減る→桶の需要が増える→桶屋が儲かる

矢印で結ばれた2つの項目に着目すると，その関係性は，「原因→結果」という因果関係として表せます。

さて，またも唐突ですが，この関係性を表で整理してみましょう。縦軸に原因を，横軸に結果を当てはめて表を作り，上で矢印で結んだ各事象それぞれの関係について著者が思ったことを書きこんでみると，**表2.3**のようになりました。

表2.3 「風が吹けば桶屋が儲かる」の事象を表で整理したもの

		結果								
		風が吹く	土埃が立つ	眼病患者が増える	三味線の需要が増える	猫が減る	鼠が増える	桶が減る	桶の需要が増える	桶屋が儲かる
原因	風が吹く	－	ありそう							
	土埃が立つ		－	あるかもしれない						
	眼病患者が増える			－	なくはない					
	三味線の需要が増える				－	あるかもしれない				
	猫が減る					－	ありそう			
	鼠が増える						－	ありそう		
	桶が減る							－	ありそう	
	桶の需要が増える								－	ありそう
	桶屋が儲かる									

表2.3について少し解説しておきます。まず，縦軸と横軸には同じ項目を並べています。世の中のほとんどの出来事は，ある原因から生じた結果ですが，それは次のある出来事の原因となり得ることを踏まえると，縦軸と横軸に同じ項目が入ることは理解できると思います。そのため，最初の項目のペア「風が吹く→土埃が立つ」の結果である「土埃が立つ」が，次の「土埃が立つ→眼病患者が増える」の原因になっている，ということが**表2.3**により表現できているわけです。なお，最後の「桶屋が儲かる」という結果についても，ことわざが述べる事象をさらに広げれば「桶屋の株価が上がる」など，次に起こり得る事象の原因となることが考えられます。ただし，今回はことわざが述べる世界の中で考えるので，「桶屋が儲かる」という結果に至ったら終了としましょう。

ここで，**表2.3**の形式にまとめた表を「原因と結果の表」と呼ぶことにして，ここまで述べた内容について，ポイントをまとめておきましょう。

「原因と結果の表」の作り方のポイント（その1）

1. ある原因から生じた結果は，次の出来事の原因になり得る。そこで，「原因と結果の表」の縦軸と横軸には同じ項目を入れる。

ところで，**表2.3**には，原因と結果の項目同士の関係性について著者の思うところを書き入れています（異論は認めます）。ただし，原因と結果が同じ箇所はハイフンを入れました。

表2.3を見てみると，原因と結果の関係として矢印でつながっていない事象の組合せがあることがわかります。しかし，例えば原因の「風が吹く」と結果の「猫が減る」の関係を表す記述は，**図2.1**の(1)～(4)のどこにも見当たりません。ただし，原因と結果の関係がない，とは言い切れるかまではわかりません。そこで，このような箇所は空白にしておきます。そして，原因の前に結果が起こることを示す箇所，例えば原因の「猫が減る」と結果の「風が吹く」は，**図2.1**の(1)～(4)を踏まえると時間の流れに逆らうため，あり得ません。そこで，このような箇所は塗りつぶしています。

◎ 因果関係は見えているものだけで説明できるわけではない

表2.3は「風が吹けば桶屋が儲かる」ということわざの表す因果関係をまとめたものでしたが，表に起こしたものだけで因果がすべて数え上げられたとは限りません。例えば，結果の「三味線の需要が増える」から表を縦軸方向に見ていくと，その原因は「眼病患者が増える」ただ一つとなっていますが，それ以外に（見えていない）原因がある可能性は捨てきれません。

考えてみると，「三味線の需要が増える」が起こる原因は，ほかにもいろいろありそうです。三味線がはやる，三味線のスターが現れる，三味線教室の株価が上がる，……というように，想像を膨らませれば，いくらでも原因に当たる行が増やせそうです。そして，同じことは，他の項目にもいえます。特に，桶屋にとって，最後の結果である「桶屋が儲かる」はビジネス上の成果として最も達成したいことであり，その原因となり得る事象はできるだけ多く想像しておきたいところでしょう。例えば自社の取組みであれば特売セールの実施や積極的な広告展開，外部環境であれば桶ブームの到来や銭湯・温泉施設の増加，といったことが考えられます。

実際に起こった結果であれ，達成したい結果であれ，因果関係を探るときには，見えている（判明している）原因から結果を完璧に説明することは難しく，できるだけ多くの見えていない原因を想像しておく必要があります。そこで，見えていない・判明していない原因として考えられる事象を**表2.3**に挿入してみましょう。一例として，**表2.3**の過程に見えていない原因「新発売の桶の広告を出す」を新たに加え，それが原因となり現れた結果「客足増加」を挿入すると，**表2.4**

に示すようになります。

表2.4 「風が吹けば桶屋が儲かる」表（**表2.3**）の拡張

		結果					
		風が吹く	…	①新発売の桶の広告を出す	②客足増加	…	④桶屋が儲かる
原因	風が吹く						
	…						
	①新発売の桶の広告を出す			–	①→②関係ありそう		
	③客足増加				–		③→④関係ありそう
	…						
	桶屋が儲かる						–

（原因）「①新発売の桶の広告を出す」ことで（結果）「②客足増加」が起こり，今度は原因になった「③客足増加」から，（結果）「④桶屋が儲かる」という一連の流れを表現しています。組み込んだ項目は，**「「原因と結果の表」の作り方のポイント**」1. より，結果的に縦軸・横軸両方に入ることになります。

ではここで，「原因と結果の表」の作り方のポイントを追加しましょう。

「原因と結果の表」の作り方のポイント（その2）

2. 項目（事象）同士の因果関係は，手もちの情報から見えるものが全てとは限らない。因果関係は「見えていない情報」にあるかもしれないので，調べたい事象に関係していると想像できる原因は積極的に「原因と結果の表」に組み込む。

結果と効果

ここで，用語について整理しておきます。日本語の「原因」は英語で「cause」，「結果」は「result」です。ビジネスシーンについて言及している本書では，「ある原因が発生した後，その結果から生じるビジネス現場に関わる効果（effect）が見える，観測される」というニュアンスを込めて，「原因（cause）」から生じるものは「結果・効果（effect）」と表記することにします。また，これを踏まえ，

「原因と結果の表」は「原因と結果・効果の表」と改めることにします。

◎ 原因も結果も取捨選択が重要

表2.3のストーリーが現に起こっていることだと想像してみると，ことわざの中で出てきた出来事だけでなく，桶屋が儲かることに関係する項目は「広告を出す」「景気が良くなる」「桶ブームが来る」など，現実世界で起こり得ることまで拡張することで，桶屋が儲かる原因はいくらでも挙げることができます。これは，注目している結果が起こる原因について，あらゆる可能性の中から関係のありそうな項目をピックアップしている，ということになります。つまり，ある結果について考えている人（＝観測者）が，いくらでもありそうな因果関係の組合せの中から，関係のありそうな部分をいくつかピックアップして考察している，ということです。この「特に注目している関係のありそうな部分」のことを，「興味のある部分」と呼ぶことにします．**図2.2**で示しているように，ある部分に着目し，その部分以外は考慮しない状態が，「興味のある部分をピックアップしている状態」です。

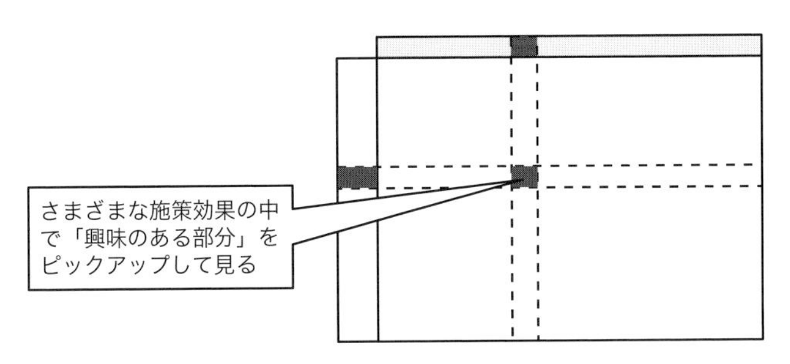

図2.2 「興味のある部分」とは？

原因と結果・効果の組合せについて，複数興味をもつこともあります。**表2.4**だと，「桶屋が儲かる」ことと，そもそも「客足増加」となるか，の両方に興味がある，といったケースです。この場合も横軸のeffectが2つ（E1，E2とします）になっただけであって，**図2.3**のように関係のある部分だけをピックアップして観測することも可能です。

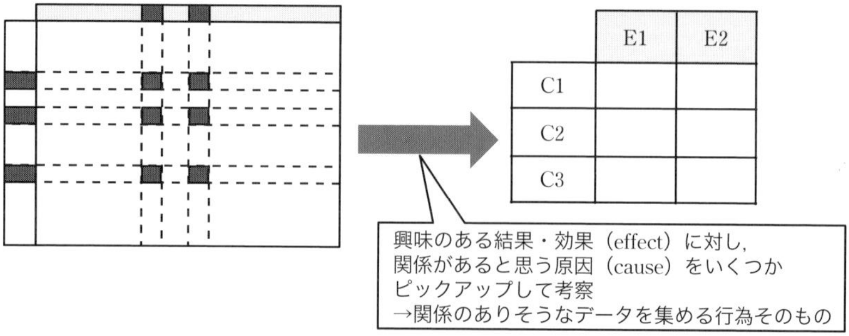

	E1	E2
C1		
C2		
C3		

図2.3 「原因と結果・効果の表」から「興味のある部分」をピックアップ

もともと，興味のある項目（E1やE2）をターゲットにした背景には「売上を伸ばしたい」「客足を伸ばしたい」という欲求があったり，単に「なぜそうなるのか背景を探りたい」という欲求があったりするわけですが，私たちはその欲求を満たすために「結果の項目に着目し，原因の項目から関係のありそうなものをいくつかピックアップしてくる」という作業を行っているのです。

ここで重要なのは，「ある結果について，たくさんの原因からいくつかをピックアップしている」という点です。当然ながら，これは個人の感覚によるところが大きいため，的はずれな原因をピックアップしてしまっている可能性もあります。よって，「**最適な原因＝ある結果について最も的を射た原因がどこかにはありそうだ，ということを常に意識すること**」が，興味のある結果の原因を探るために，ひいてはビジネスでデータを活用するために非常に重要なことなのです。

この「たくさんの項目からいくつかをピックアップする」という過程は，原因と結果のあらゆる可能性を模索するためのモチベーションそのものになっています。何かの原因と結果について考えているとき，頭の中では，候補としてピックアップした項目の組合せについて妥当かどうかを検討していると，また別の項目が気になって興味の対象が増えたり，逆により良い項目が発見できたときに今まで有効と考えていた項目を否定したりと，情報の取捨選択が起こります．この取捨選択を繰り返す行為は，別の言葉で表現するならば「推理している」あるいは「推測している」に相当します。視覚的に表現してみると，**図2.4**(a)～(c)のようになります。

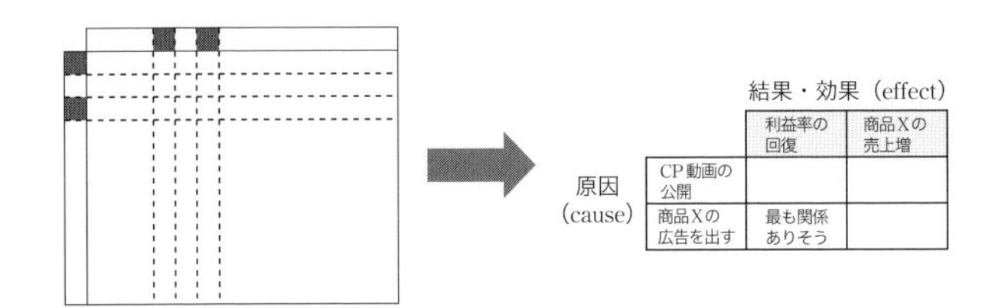

(a) 興味のある結果，効果について関係のありそうな原因をいくつかピックアップ

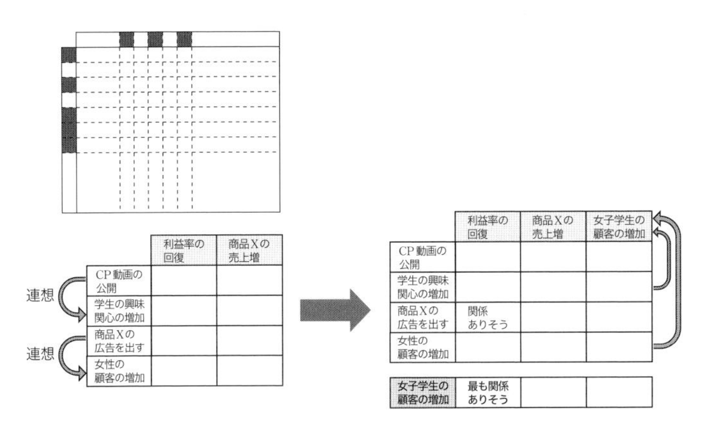

(b) ピックアップしたいくつかの原因から，さらに連想される情報や項目をピックアップ

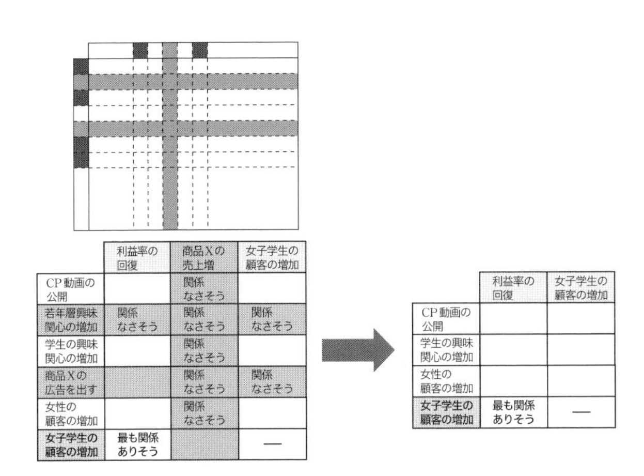

(c) 客観的に見たとき「施策を考えるうえで優先度が低そうだ」「使えそうにない」と思われる情報を除外

図2.4 「たくさんの項目からいくつかをピックアップする」の視覚化

ここで行われる取捨選択は，複数人の見解から情報を集約し，精査するときも同じようなプロセスが発生するため，原因と結果・効果の表がブラッシュアップされます。意見交換等を経て新しい情報が入ってくることで，観測者の頭の中で他者の原因と結果・効果の表が融合され，ダイナミックに変化していくイメージです。この表で起こる取捨選択は分析の場面に限らず，インタビューや日常会話でも無意識に頭の中で起こっているフローといえます。

図2.5は，「利益率が回復した原因」に興味があるA氏とB氏がそれぞれの原因について考えをもっており，意見の交換からお互いの原因と結果の表が合わさって，各々の「まだ見えていない情報」が広がっていくイメージです。さらに，「CP（キャンペーン）動画の視聴回数UP」に携わったC氏の意見も取り入れることで，「利益率が回復した原因」についての新たな仮説が生まれるまでの流れを図にしています。

図2.5では，情報の更新を事細かに記していますが，通常このような営み（つまり原因と結果・効果の表の更新，情報の拡張，仮説の生成）は，ほぼ無意識に頭の中で行われています。原因と結果・効果の表を意識して，イメージとしてもっておくと，実際のデータ分析におけるデータの準備の段階で「どんなデータを用意すればよいのか」を見積もるのに力を発揮します。さらに，分析結果から考察を行う場面で「手もちのデータを分析した結果から考えられる原因は何なのか」といった実務的な仮説を組み立てる際に役立ちます。

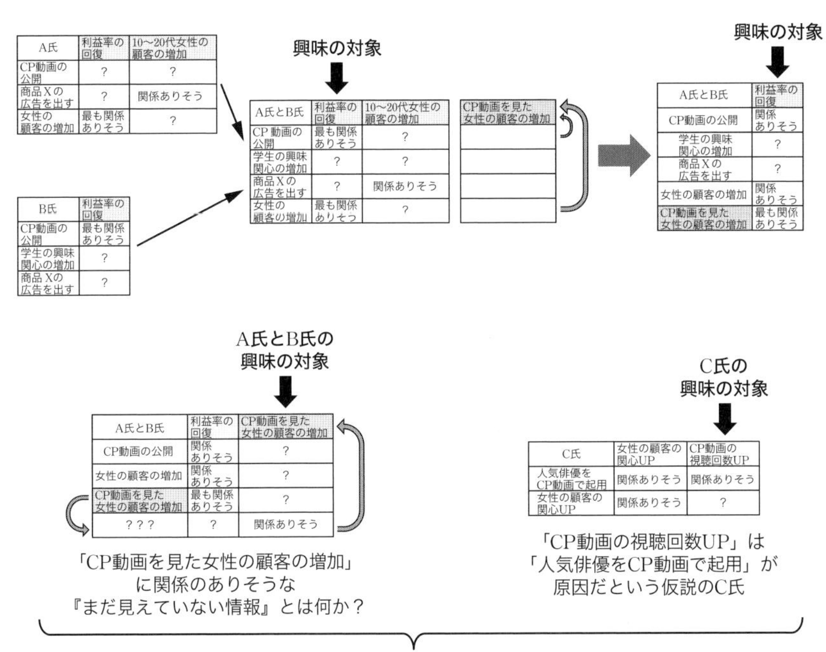

表の中身（項目の関係性）を埋めてみると……

興味の対象

A氏とB氏	人気俳優をCP動画で起用	CP動画の公開	女性の顧客の関心UP	女性の顧客の増加	CP動画を見た女性の顧客の増加	利益率の回復
人気俳優をCP動画で起用	—	関係あり	関係ありそう	関係ありそう	関係ありそう	
CP動画の公開		—	関係ありそう	関係ありそう	関係ありそう	
女性の顧客の関心UP			—	関係ありそう	関係ありそう	
女性の顧客の増加				—	関係ありそう	
CP動画を見た女性の顧客の増加					—	最も関係ありそう

『「利益率の回復」には「人気俳優をCP動画で起用」したことが寄与した』という仮説が生まれた

図2.5 A氏とB氏，さらにC氏の考えから変化する，原因と結果・効果の表の更新例

2.2 「原因と結果・効果の表」を深掘りする

現実の情報を「原因と結果・効果の表」の形にイメージすることができると，自分の思い通りに情報をデータ分析に組み込める一歩手前まで進んだことになります。そこから，情報をどのように捉えれば実務的なデータ分析につなげることができるのか，について解説します。

1 現実のビジネスデータをどのように捉えるか

まず，原因と結果・効果を表で捉える思考を実務に活かすにあたり「実際のところ，ビジネス現場ではどれくらいの原因を想定し，どれくらいのスケールの表をイメージすればよいのか」という疑問があります。桶屋の例では，そのことわざのとおり原因と結果がすでに用意されていましたが，現実の世界では「関係性のありそうな，あらゆるたくさんの事柄を原因として並べる」とすればよさそうです。しかし，「あらゆるたくさんの事柄」といっても漠然としたイメージになってしまいます。そこで，実践的な思考メソッド，いわばコツを解説します。

例えば，前節の桶屋の「客足増加」をターゲットとする場合，その原因として「広告を出す」をピックアップした例を先に挙げましたが，原因の可能性を広げるパターンとしては次の3つのパターンに分かれます。

パターン1 違うタイプの出来事，事象を探る
パターン2 それ（原因とする手段）自体を細分化する
パターン3 それをいつ行うのか，時間やタイミングを取り入れる

桶屋の「客足増加」の場合，**パターン1**だと「Webページのリニューアル」「TVでの露出」と，手段として広告以外に何があるかを考えることです。**パターン2**だと「広告に文面αを採用」「広告に文面βを採用」と，広告の内容そのものをどのようにするか，を考えます。**パターン3**は時間の考えを付け加えることであり，「何月何日に実行するのか」「夏にするか，冬にするか」と，さまざまな粒度で考えます。

すると，「広告を出す」という原因については

パターン1 → バナー広告を出す，TVCMを開始する，など
パターン2 → 広告に芸能人X氏を起用，○○という文言を入れる，など
パターン3 → 今月の20日に広告を出す，ゴールデンウィークのタイミングで広告を出す，など

といったように，桶屋の「広告を出す」をピックアップしてみても，それに関するあらゆるパターンで広げることができます。

また，「広告を出す」以外の桶屋の客足増加の原因として「来店した顧客自体にヒントがある」と考えることができます。例えば，「都内在住未婚20代女性の来店増加」といった顧客の属性情報が該当します。**パターン2** のように細分化してみると「都内在住未婚20代女性のBさんが○月○日○時来店」…と，特定の顧客の来店履歴も使えそうです。さらに来店に至った大元の原因を想像すると，「都内在住未婚20代女性のBさんの桶に対する興味の向上」といった，顧客一人一人の内面の変化が原因とも考えられそうです。

このように，「顧客の属性情報や内面まで，あらゆる可能性で拡張する考え方」をもってイメージを膨らませることは，「現在設定している課題に対し，（特に仮説と現実とのズレに悩む事態に陥った場合）手元にあるデータで知りたい情報に近づけそうかの判断材料」になりますし，「ほかにデータを集める場合，どのようなデータを集めるとよさそうか」の方針を探る際に役立つ方法となるのです。

前節では，縦軸に「原因（cause）」，横軸に「結果・効果（effect）」という表で説明しましたので，引き続きこの形の表（**表2.5**）を使って「現実のビジネスデータをどのように捉えればよいのか」，について解説します。

表2.5　原因と結果の表（簡約版）

		結果・効果	
		E1	E2
原因	C1		
	C2		
	C3		

2 「原因と結果・効果の表」の中身は4パターン

桶屋の例では縦横それぞれの軸に着目をしていましたが，表の中身については，「関係ありそう」のようにかなりざっくりとした埋め方でした。ここでは，この表の中身について実際にどのようにアプローチすればよいのか，を見ていきます。

「原因と結果・効果の表」の中身それぞれについて，**図2.6**のような4種類のパターンに分類できます。

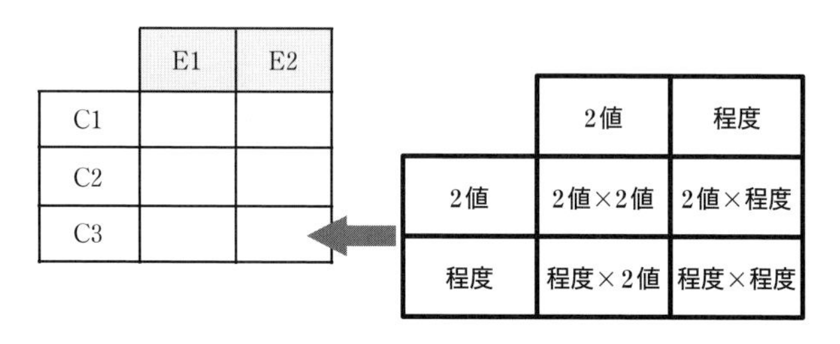

図2.6 「原因と結果・効果の表」の中身・4種類のパターン

図2.6にある4パターンは，2種類の項目の組合せで成り立っています。一方は「**2値**」であり，「**2つの結果のうちどちらになるのか**」というものです。もう一方が「**程度**」であり，「**その値がどの程度，どれくらいになるのか**」というものです。これが原因と結果・効果それぞれに当てはまるため，下記の4通りとなります（それぞれのイメージをあわせて例も示しました）。

「原因」と「結果」の組合せ4パターン

1. 原因が「2値」で結果が「2値」

例 店頭に看板を設置したら，客足は増えるのか？

2. 原因が「程度」で結果が「2値」

例 広告費を5%上乗せすれば，売上は増えるのか？

3. 原因が「2値」で結果が「程度」

例 チラシを配ったら，売上はどれくらい変化するのか？

4. 原因が「程度」で結果が「程度」

例 チラシの配布枚数を増やすと，売上はどれくらい変化するのか？

これらの**例**は前半が原因，後半が結果・効果になっており，原因の部分が「企業（特に自社）がとり得る行動」，結果・効果の部分が「もしその行動をとった場合，どのような変化が起こるのか」になっています。

補足

上の例は，原因として企業（自社）がすること，としましたが，実際には，原因の部分がほかにも「天気や気温，交通量，景気変動，他店出店」など自社の行動以外になることもあります。また，結果・効果の部分については金銭が絡むケースが多く，これはビジネス（経済活動）の目的そのものが興味の対象になっていることから，当然のことともいえます。ただし，「会員登録さえしてくれたら結果的に売上が伸びる」といったような，直接金銭にかかわらずとも，その施策（会員登録）が売上に貢献する確信がある場合は，結果・効果の部分は金銭以外の項目（会員登録）になるケースもあり，その場合は「いま，この企業は興味の対象が売上以外の部分にある時期だ」という見方ができます（この企業のKPIは会員登録数であり，この企業にとってのベネフィットは会員登録を伸ばすことである，と考えられます）。

3 4パターンの詳細解説

ここでは4パターンの中身それぞれについて，例を通して詳しく見ていきましょう。

原因が「2値」で結果が「2値」

例 店頭に看板を設置したら，客足は増えるのか？

これは**図2.6**の左上の部分です。単に「客足が増える」と「客足が増えない」のどちらの割合が大きいか，つまり「どちらが起こりやすいか，の確率」を表しています。理想は，「客足が増える」確率を100％にしたい，つまり店頭に看板を設置することで客足を確実に増やしたい，ということです。

「客足が増える」ためにとり得る施策は「看板を設置する」以外にも「クーポンを発行する」などさまざまありますが，ともかく，ある施策を「行う・行わない」のいずれかの選択を常に迫られている，と考えられます。すると，表の縦軸「原因」には，「その施策を選択し実行した場合」，つまり「その施策の実行」が入ることになります。そして，表の横軸「結果・効果」の「その施策を行うことで予想される効果（ここだと客足増加）」と交差する部分については，単に「その施策を行ったから，必ず効果が出る」とは考えず，「その結果がどれくらい起こりそうなのか」という確率的な考えになることが多いでしょう。桶屋の原因と結果・効果の表（**表2.3**）の場合，「風が吹くことで桶屋が儲かる確率」が60％だとすると，「原因」の「風が吹く」と「結果」の「桶屋が儲かる」が交差する部分は確率60％で埋めることができるので，**図2.7**のように書き換えることができます。この確率は，**図2.6**の左上「原因が「2値」で結果が「2値」」の「なる」の割合のことなので，「その施策が発生したとき，ある結果が起こる確率」を示しています。

原因（○を行うと）		結果・効果（◎が起こる）			
		桶屋が儲かる	…	客足が増加する	…
	風が吹く	○		×	
	…				
	新商品の広告を出す	×		○	
	…				

原因（○を行うと）		結果・効果（どの程度◎が起こりそうか？）			
		桶屋が儲かる	…	客足が増加する	…
	風が吹く	60%		5%	
	…				
	新商品の広告を出す	5%		80%	
	…				

やりたいことを実現させるために，
なるべく起こりやすい・成功しやすい選択をしたい

図2.7　ある原因が起こると，もう一方の結果がどれくらい起こりそうか

この表に自社がとり得る全ての施策を列挙すると，かなり大きなスケールになることはイメージできるでしょう。

この確率で埋まった表の特徴として，「**1つの原因に対し，2つ以上の結果が起こり得る**」という点が挙げられます。この表に似たものに「同時確率分布」[†]がありますが，原因と結果の組合せがそれぞれ独立していない，というところが大きな違いになっています。**表2.6**の例だと，「Aを値下げ」した場合，それにつられてBの売上も増える可能性がある，といったことが現実では十分に考えられるからです。

† 例えば，サイコロを2個振ったとき，どのような目の組合せが出るかについて確率をまとめた表が，目の出方に関する同時確率分布です。

表2.6 自社の選択を全て列挙した場合の例

		結果・効果（自社で起こる）						
		A売上増	B売上増	…	客足増	問合せ増	HPアクセス増	…
原因（自社で行うと…）	Aを値下げ	95%	60%		95%	30%	40%	
	Bを値下げ	50%	90%		90%	30%	40%	
	…							
	Aのクーポン発行	95%	10%		95%	10%	40%	
	Bのクーポン発行	10%	95%		90%	10%	40%	
	…							
	オンライン広告を打つ	50%	40%		90%	50%	95%	
	PR動画を出す	95%	10%		90%	40%	80%	
	…							

表2.7 「自社の介入によらない原因」も考慮した場合の例

		結果・効果（自社で起こる）						
		A売上増	B売上増	…	客足増	問合せ増	HPアクセス増	…
原因（自社で行うと…）	Aを値下げ							
	…							
	オンライン広告を打つ							
	…							
原因（どこかで起こると…）	他店αがAを値下げ							
	…							
	東京の天気							
	…							
	日経平均							
	…							

現実世界で全てのパターンを**表2.7**のような表で表現することは不可能ですが，このようなイメージをもつことは考察や仮説構築の際，ほかのデータを分析用に整理する際に役立ちます。

補足

著者の場合ですが，具体的には「どのような説明変数（分析で使用するデータ項目）を用意すべきか」を考えるタイミングや，「用意した説明変数の重要度を予想する」という場面で，この表をイメージします。

原因が「程度」で結果が「2値」

例 広告費を5%上乗せすれば，売上は増えるのか？

このパターンは**図2.6**の左下の部分に当たり，**図2.8**のようになります。最も小さい値が「0%」，天井が「100%」になっているグラフです。横軸の変化量（例のケースだと広告費）が右側に進んでいくと途中でグラフがカーブを描き，ゆるやかなS字を描いたような形になっています。これは，**横軸の項目の値がどれくらい変化すると，縦軸の「そうなる確率」がどのような値（パーセンテージ）をとるか**，ということを表しています。

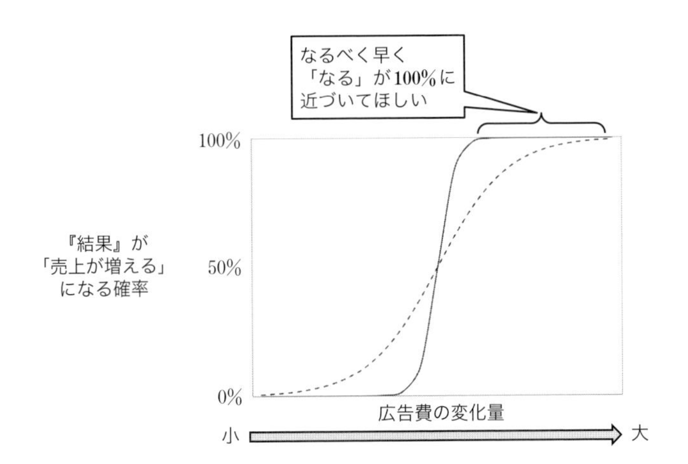

図2.8 「広告費を増やした場合，売上が増える確率」を表したグラフ

今回の例だと，広告費をたくさん投入すれば，確実に「売上が増える」になる，ということです。これは，広告費を増やせば増やすほど＝変化量が右に進めば進むほど，「売上が増える」になる確率が100%に近づく，という様子を**図2.8**は表しています。**図2.8**には点線と実線の2つのグラフがありますが，カーブの違いから読み取れるように，結果的に売上が増えるのであれば，なるべく広告費は小さく，つまりできるだけ右側に進む前に「売上が増える」が100%になってほしいので，実線の方が望ましい状態である，ということも読み取れます[††]。

†† 現場でよく使うパターンなので，3.2節1項で詳しく解説します。

原因が「2値」で結果が「程度」

例 チラシを配ったら，売上はどれくらい変化するのか？

このパターンは**図2.6**の右上の部分に当たります。原因の部分が「○○を行ったら」となっているように，「それを行う・行わない」の2値のうち「行う」を選択した場合を考えます。**図2.9**のグラフは「**もし○○を行った場合，結果がどのような変化量になりそうか**」を表現しています。

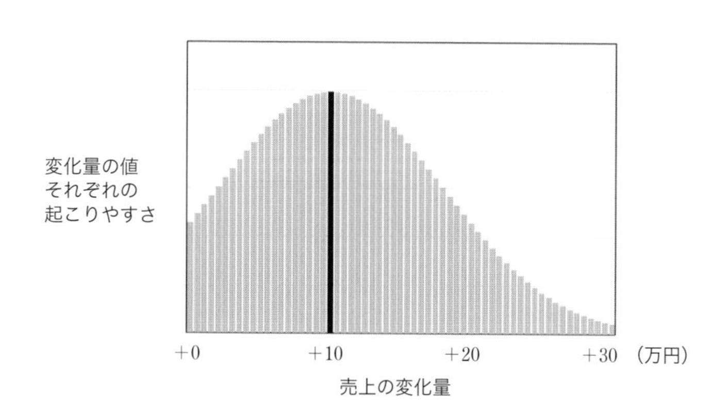

図2.9 「チラシを配った場合，売上がどの変化量になりやすそうか」を表したグラフ

例を用いると，**図2.9**のグラフは「チラシを配ったときの売上の変化量が，どの変化量になりやすいのか」を表しており，グラフの縦軸は変化量の値それぞれの起こりやすさ＝それぞれの値になる確率の大きさ，横軸は売上の変化量を表しています。最も着目すべきは「どこが最も高い確率なのか」です。**図2.9**では黒線の部分が最も確率が高い，起こりやすいことを示しており，そのときの横軸の値を読み取ります。

図2.9の場合，横軸のうち最も確率の高いところが「＋10万円」になっているため，「チラシを配ったら，今日より10万円売上がプラスに変化する可能性が最も高い」と読み取ることができます。もちろん，＋100万円になる可能性もなくはないですが，企業としては最も確率が高いところが，できるだけ大きな金額になってほしいところです。つまり，企業の理想としてはこの山型のグラフの高いところが右側へシフトしてほしい，かつその確率がさらに高くなってほしい，ということになります。

なお，起こり得る原因を全て縦に並べて整理すると**表2.8**の形で表すこともできます。ポイントは右端の列「合計」がそれぞれ全て「100％」になっており，これは「ある原因から生じた結果（ここでは売上の変化量）は，考えられる変化量のうち，ただ1つの値が結果として返ってくる」†††ということを表現しています。

表2.8 原因と変化量の結果をまとめた確率

		結果・効果（自社で起こる）						
		…	-5万円	変化なし	+5万円	+10万円	…	合計
原因（自社で行うと…）	Aを値下げ		3%	10%	50%	20%		100%
	…							
	オンライン広告を打つ		5%	20%	50%	10%		100%
	…							
原因（どこかで起こると…）	他店αがAを値下げ		50%	20%	5%	0.1%		100%
	…							
	東京の天気		0.001%	95%	4.0%	0.01%		100%
	…							
	日経平均		0.01%	99%	0.01%	0.001%		100%
	…							

††† 「売上+20%と-10%の両方の結果が同時に出る，ということはない」という意味です。

原因が「程度」で結果が「程度」

例 チラシの配布枚数を増やすと，売上はどれくらい変化するのか？

このパターンは，**図2.6**の右下の部分に当たります。このパターンは「**一方（原因）の値を変化させると，他方（結果・効果）はどれくらい変化しそうか**」を表しています。例えば，チラシをもう200枚追加で配ると売上は○円増える，チラシ500枚だと売上は，…といったことをグラフで表現します。**図2.10**のグラフでは直線ですが，必ずしも直線になるとは限りません。グラフの横軸が原因の値，縦軸が結果・効果の値になっています。

実際はきれいな直線になることはまれであり，ある程度の誤差は許容して大まかなグラフの形で表現することが多いです。グラフの形は，1次関数のような直線もあれば，指数関数のようなものすごく大きく変化する曲線，対数関数のような非常にゆるやかな曲線など，データによっていろいろな形になります。

今回の例であるチラシの配布枚数と売上の関係が**図2.10**のような直線のグラフだとすると，縦軸の売上を伸ばすためにはグラフの傾きが大きくなっていれば，用意するチラシの枚数をそれほど増やさなくても売上が一気に伸びてくれるので嬉しい，という見方ができます。

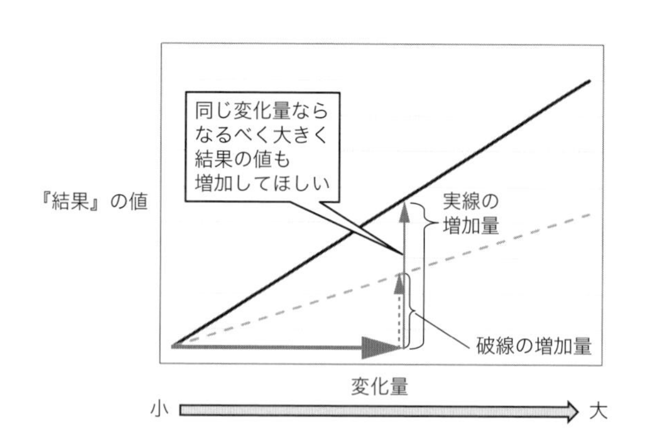

図2.10 原因に当たる項目の変化量と結果の値が直線の場合

このパターンについても**図2.9**のように確率の表で表現することができますが，その中身について具体的な数値をイメージすることは難しいので，先ほどの**図2.10**のようなグラフで視覚化するのが適切です。

4つのパターンについての概略は以上です。原因と結果それぞれの項目が「2値」か「程度」のどちらに当てはまるのかによって，ここまで説明した4つのパターンのうちどれに当てはまるかが決まりますが，問題は「どのようにその中身を求めるか」です。それはつまり「確率や，変化のグラフをどのように求めるか」という問いになりますが，その答えはまさに「各種データ分析手法を駆使する」ということになります。

2.3 ビジネスの課題への適用メソッド

前節までで，ある1つの事象について「原因と結果・効果」の関係を考え，データ分析につなげる準備ができたのではないでしょうか。しかし，ビジネスの課題は単純な1対1の関係として簡単に対処できるものではありません。そこで，ビジネスにおける課題というものを著者の視点から深掘りしつつ，現実の課題に対応できるようになるためのデータの捉え方について解説します。

1 ビジネスデータ活用の構造

データ分析の観点から見ると，ビジネスにおける課題は「目標とした，計画した未来が到達していない」という状況から発生しているものと解釈します。つまり，「いまは，想定した未来と現実にズレが生じている状態である」という解釈です。何かプロジェクトを立ち上げたとき，そもそもそのプロジェクトには「実現したいこと」があり，それを実現させるために施策を考案し，実行するというプロセスを踏みます。このプロセスを細分化すると，ある仮説を確かめるために小さな調査を行うなど，細かく「施策考案→施策実行→効果→検証→仮説→…」を繰り返すことにより，当初設定した「実現したいこと」に向けて少しずつ前進していきます。

仮説の妥当性を検証するための調査として，過去の実績を調べる方法もあります。新しい施策を検討するプロジェクトの場合だと，大まかに「過去の実績に基づいて検証→実行に移す施策を決定→結果・効果」という段階を踏みますが，「どのような施策が効果的か，過去の実績から検証している段階」では，私たちの主な興味の対象は過去に向いており，「具体的に施策を考案したり取捨選択したりして，実行に移そうとしている段階」では，主な興味の対象は未来に向いている，と捉えることができます。データを活用するケースであれば，興味の対象が過去に向いている段階では過去のデータを用いて知見を得ようとし，興味の対象が未来に向いている段階ではデータを用いて予測を行おうとする，ということになります。この2つは時間的にはスムーズにつながっており連続していますが，本書ではこれらを別々のステージである，と明確に分断して説明を進めます。

2つの段階に分断して考える理由についてですが，理論上の計算結果とビジネスの大きな違いは「再現性が担保されていない」という点であり，昨日の解析結果が明日にも当てはまる，ということが確実にいえないからです†。

さらに，ビジネスにおけるデータ分析を行う際，存在する情報について「見える・観測できるデータ」と「直接見えない・観測できないデータ」の2種類が存在する，と考えます。

すると，ビジネスにおける「実現したいこと」に近づくためのフロー「施策考案→施策実行→効果→検証→仮説→…」は，**図2.11**のような構造であると考えられます。

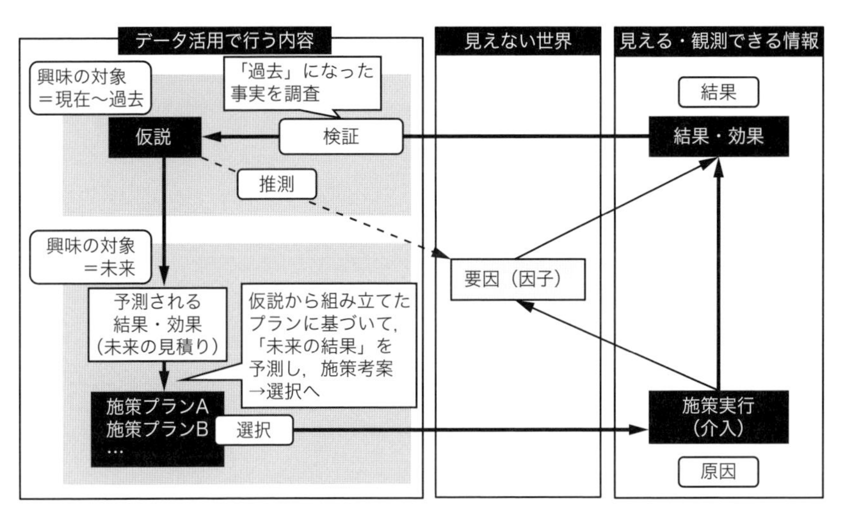

図2.11 「実現したいこと」に近づくためのフロー

まず，見える部分は「原因：施策実行→結果・効果」であり，施策実行という「介入」が行われ，何らかの要因（因子）に変化をもたらし，その効果として結果が現れた，と考えます。これは，何もしなかったら訪れていたであろう結果が，施策実行（介入）により要因（因子）に影響を与え，それにより実現したかったこと＝理想としていた結果に変化する，ということです。

† 明確な周期性が認められる，ということであれば過去の解析結果がそのまま未来の予測に使えるケースもあります（毎年4月が入学式になる学生向け商材が，毎年同じタイミングで売上が伸びる，など）。

そもそも「その施策が最適と考え，実行した」という事実の背後には，何かしら理由や根拠があるはずです。進行中のプロジェクトの途中段階であれば，それまでの記録を振り返ることでその施策が最適だと考えられる根拠や理由があったはずですし，まだ何も施策をとっていなければ，関連データを収集したり過去の同様の事例を参考にすることで，有効な施策につながる理由や根拠を探していたことでしょう。つまり，施策実行前には情報収集や検証が行われていて，その材料は過去の記録やデータであり，それらを利用してさまざまな仮説を構築します。この時点を，興味の対象が過去に向いている段階にある，と考えます。その後，構築した仮説から，できるだけ「実現したいこと」に近づくために最適な施策プランを選択し，次の行動を決定します。その決定プロセスにおいて，予測可能であればデータと分析手法を用いて予測を行います。この時点を，興味の対象が未来に向いている段階にある，と考えます。このような捉え方により，興味の対象が過去に向いている段階と興味の対象が未来に向いている段階は明確に区別される，ということです。

以上が，データ分析の観点から見たビジネス課題に取り組むプロジェクトの構造的な理解です。特に**図2.11**はPDCAサイクルやOODAループ，PDRサイクルといった業務改善のためのフレームワークに近いイメージなので，データ分析をビジネス現場に組み込んだ場合のサイクル，と見ることもできます。

補足

興味の対象が過去に向いている段階，すなわち解析のために考察を深掘りする局面ではそれに適した分析手法が，興味の対象が未来に，すなわち予測が重視される局面ではそれに適した分析手法が，それぞれに存在します。

著者の経験だと，ビジネスデータ分析においては一般的な統計学的手法は前者で，確率論の中でもベイズ確率と各種機械学習手法，複雑系科学，マルチエージェントシステムのような分野は後者で利用するケースが多いです。

2 見える部分と見えない部分

ビジネスの現場では「見える・観測できる情報」をもとに考察や推測を行いますが，その情報がどのように発生して観測できたのかを考えたとき，「観測される情報は氷山の一角レベルである」という解釈が妥当でしょう。例えば，ある顧客について「ペットボトルのお茶を購入，男性，40代，日付，時刻，一緒におにぎりも購入」というデータが取得できていたとすると，分析するための情報としては何ら問題なさそうです。しかし，この購入履歴の裏には「そのペットボトルのお茶の購入に至った経緯，原因」が潜んでいます。この顧客の購入に至る要因を想像してみると，「その時間帯にお店に出向いた目的，検討した他店舗，その店舗に足を運ぶことを決定づけた理由，検討した他の種類の飲み物，購入直前に検討された他ブランドのお茶」とさまざまです。さらに，分析の対象，つまり私たちの興味の対象がこれら購入前の項目だった場合は「その店舗を選んだ可能性は高かったのか？」「何種類の飲み物，ブランドからどれくらいの確率でそのペットボトルのお茶が選ばれたのか？」とますます興味は深まりますし，もしもそれ以前の状態に興味がある場合だと「そもそも，なぜ今日はお茶が飲みたくなったのか？何かに影響されたのか？昨日はどうだったのか？」と，見える部分である1つの事実「○月○日の○時○分に40代男性にペットボトルのお茶が売れた」という情報を取り上げてみても，その背後には見えない要因がまるで大地に根を張っているように存在しているのです。

今回，「ペットボトルのお茶の売上をもっと伸ばしたい」など店舗側の目的は設定はしていませんが，私たち観測者がまさに知りたいことは「なぜ？」の部分であり，それがわかると購入というその結果に至る仕組みを解明することにつながるのです。この「その結果に至る仕組み」そのものは1つのメカニズムであるため，本書の目的は「顧客の購買行動などメカニズムについて，データを活用してどのように調べるのか，を解説すること」ともいえます。

先程の見えない部分の興味の対象に「どれくらいの確率で」と述べましたが，理想はこれが全て計算で導き出せることです。来店確率やこの商品の購入確率が判明すれば，売上の予想もできそうです。確率を導き出し，「この情報と組み合わせると売上の予想ができる」といったように計算可能な状態で仕組みが説明できると，今回の例だと「ペットボトルのお茶の売上予測アルゴリズムが出来上がった」ということができます。

以上をまとめると，

- 見える部分である結果・効果の背後にある見えない部分に何らかのメカニズムがあり，それを解明したい
- 見えない部分を数値的に計算できる状態＝見えない部分のアルゴリズムまで解読して，見える部分の予測などに活用したい

となります。

3 時間の変化・期間設定について

前節で「原因と結果・効果の表」を題材にデータの考え方，捉え方について述べてきましたが，これはいったいどの時点の，現実の時間でいえばどのような期間のことを話しているか，については触れていませんでした。この「原因と結果・効果の表」と「時間」は，どのような関係になっているのでしょうか？

まず桶屋の例だと，少なくとも風が吹いた後に桶屋が儲かるまでは，ある程度の日数がかかっているように思われます。1か月や半年といった，キリの良い期間ではなさそうです。現実の世界でデータ分析を行う際，例えば「昨年度のデータ」「上半期のデータ」と，ある期間でまとまったデータにすることが多いですが，これはスムーズに流れる時間の中で蓄積されるデータについて，私たちにとって都合のよい単位でデータを切り取っている，ということになります。

この時間の流れのイメージは「瞬間的な原因と結果・効果の表がパラパラ漫画のように重なっていく」というもので，時間の流れとともに中身が少しずつ変化していくイメージ，本当に細かく切った時間が連続しているイメージが最適です（**図2.12**左側）。この「時間の流れ」をどのような長さ，もしくは単位でまとめるかについてですが，1秒，1時間，1日，四半期でも1年でもかまいません。原因と結果・効果の表が設定した期間（単位）ごとにまるごと生成され，ただでさえ大きな表が何枚も何枚も奥行き方向に積み重なって，**図2.12**左側のようにどんどん分厚くなっていくイメージです。

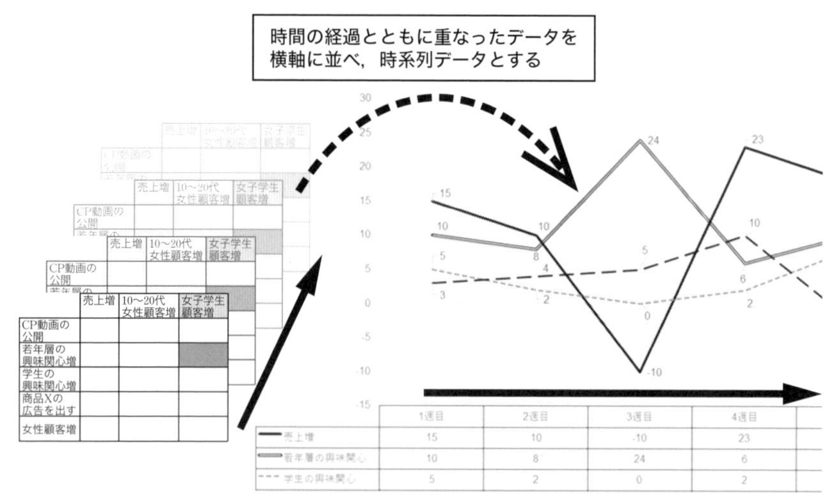

図2.12 原因と結果・効果の表と時系列データの関係

この分厚くなったもの，いわば大きな帳簿のようなものを3次元的に考えると，ある原因と結果の交差する1点に着目したとき，例えば1週間ごとの記録がある場合，奥行方向へ1週間に1枚ずつ帳簿が重なっていき，その原因と結果の交差する部分だけを切り出してみると，横軸が時間（週），縦軸が数値（観測値）の折れ線グラフが描けます（**図2.12**右側）。これが，「観測者が注目したある情報についての時系列データ」になっています。

つまり，時系列データはあくまで「ある項目の時間的な変化を表現したもの」であり，「原因と結果・効果の表に複数存在する項目のうち，何か1つだけを取り出して見ている」ということになります。

時系列データの実践的な使い方としては，ある結果・効果の時系列データとそれに関係のありそうな項目の時系列データを見比べます。その結果，変化の仕方が似ているならば，その取り出して見ている項目は結果・効果に大きく関係している重要な原因になっている可能性に気がつくことができます。また，ある2つの時系列データについて感覚的に関係がありそうだと考えている場合，変化の仕方に共通点がなさそうであっても，切り出し方，いわばデータの取り出し方を変えてみたとき（例えば週次データを日次データにしてみる），何か共通点が見える可能性があります。これらのことを知っておくと実際の時系列データに対する視野が広がります。

4 介入できるデータと介入できないデータ

さらにもう1つ，現実のデータの捉え方で重要な考え方があります。それは，そのデータが介入（コントロール）可能かどうか，という観点です。

ビジネスにおける課題や目標のためデータを集めて，例えば「AIが売上に関係する要因を引っ張ってきた」としましょう。もしも，そのAIが次のような分析結果を導き出したとしたら，どのように解釈すればよいのでしょうか？

AI：『この1年で売上向上に大きく貢献した要因は，「○月に実施したプロモーション施策」と「性別」です』

まず，「○月に実施したプロモーション施策」は効果があったということですが，これが確かであれば次回も同じ月にプロモーション施策を実施すれば大きな効果が期待できるので，次に検討するのは「同じ内容でよいのか，もしくはさらに熟考し，プロモーションの何が最も刺さったのか，コアとなる要因を突き止めようか」といったところでしょう。

次に「性別」です。例えば実際の売上の内訳を見た場合，男女比が1：9のように圧倒的に女性の購入者が大きな場合，AIが導き出した要因「性別」とは「購入者の性別が女性であること」という解釈が正しくなります。

この解析結果を利用して次にどのようなアクションをとるべきかを考えたとき，前者の場合だと具体的に「○月にプロモーション施策を実行する準備にかかる」と決定できますが，後者の場合だと「女性に絞る」となります。しかし，自社の方針として，今後男性顧客もターゲットに含むことが決定しているケースですと，この「性別」という要因に対して何もアクションすることができない，となります。つまり，データ分析を行うときに使用するデータはそれ自体（今回の例だと「性別が女性であるということ」自体）が重要な要素としてそのまま結果に現れることもあるため，**最終的には私たちが介入できる，言い換えればコントロールできる要素に着目すべきである**，ということです。よって，**場合によっては介入できない，コントロールできないデータは入れるべきではないケースもある**，ということでもあります。実務でデータサイエンスの活用を考えた場合，データを用意する時点でこのような注意を払うことが求められるのが科学実験と大きく異なる点であり，この知識をもって分析を進めることはビジネスデータ活用のためのテクニックの一つでもあります。

補足

実例として，ある月謝制サービスのデータ分析を取り上げておきます。

データは顧客数万件，サービス利用履歴と基本的な属性情報から，ディープラーニング（AIでよく用いられる解析方法）により退会の要因を解析させたところ，累積購入数と同等の重要度で「住所」がキモになっている，と判断されました。しかし，住所については，特定の市町村をターゲットとする，といった施策は現実的に不可能（介入できない状態）でした。そこで，再度住所データを省いて解析を行ったところ，累積購入数の次に特定のコンテンツに対するアンケート項目への回答（どのような選択肢を選んだか）が浮かび上がり，アンケートの内容を見直すことで，新たな改善点などの発見につながりました。

5 過去の解析と未来の予測

繰り返しになりますが，ビジネスにおいては「再現性がない」という大きな特徴があります。これは「現実のビジネスの世界では実験が非常に困難である」とも言い換えられます。現代ではコンピュータの進歩が目まぐるしくさまざまな現象のシミュレーションが可能ですが，現実のビジネス，こと実務レベルで実験的な手段をとるには困難が伴います。

科学実験と現実のビジネスではどのような違いがあるのかを確認するため,「放物運動の実験」を例に挙げます。この実験は「机の端から消しゴムを放り出したとき，消しゴムはどのような動きで地面に落下するのか」というもので，「机の上にある消しゴムを指で弾いたら机から離れた場所に落下し，落ち方は放物線を描く」というものです。今回は「どれくらいの初速度で消しゴムを弾いたら，机から何メートル先に落ちるのか？」が知りたいものとします。

高校物理の問題に出てきそうな内容ですが，この実験には次のような情報を用います。

- 空気抵抗はないものとする
- 自由落下運動，等速直線運動，重力加速度
- 机の高さ，初速度
- 時間（計算に利用）

実験結果とこのあたりの数値情報があれば，方程式に数値を入れて計算し，例えば「1.5メートル先に落とすには，これくらいの初速度を付ければよさそうだ」と予測が可能になります。

このように，学校で習う範囲の科学実験はそのメカニズム，法則が判明しており，必要な情報（計算に使う数値）がそろっていれば，おおむね予想どおりの結果が返ってきます。この「条件がそろえば同じことが起こる」は，まさしく「再現性がある」ということであり，再現性がある，ということは「どのような結果が返ってくるか予測可能」ともいえます。

対して現実のビジネスにおいては，このような再現性はほぼあり得ません。まず，顧客に関しては同じ人間は2人といませんし，競合他社が渦巻く社会において全く同じ状況下で同じ商品が販売されることもありません。先程の実験で登場した情報の場合，現実のビジネスの世界で同じように置き換えることができるのか，を考えてみても，

- 空気抵抗はないものとする → 「微小な誤差は取り除く操作をする」ということだが，無視してよいものはあるか？ 個人差は無視する，考慮しない，としてよいのか？
- 自由落下運動，等速直線運動，重力加速度 → 実験ではこのような法則や方程式があらかじめ判明していることが多いが，現実のビジネスの世界ではっきりと判明している法則というものはあるのか？
- 机の高さ，初速度 → これらは私たちが設定，コントロールできる項目なので，現実のビジネスの世界では各種データに相当すると考えて差し支えなさそう？
- 時間（計算に利用） → 今回の実験では秒数で計算するならば，現実のビジネスの世界では日数などで代用できそう。

このように，半分くらい不安が残ることがわかります。特にこの中で最もネックになっているのが，法則や方程式が判明していないという部分です。逆にいえば，「法則や方程式が明らかになれば正確な予測ができる」ということでもあるため，データと分析手法を駆使して，ビジネスにおける何かしらの法則や方程式を解明することが大きな目的である，ともいえます。

ここでの問題は「再現性がない現実の世界で何かしらの法則や方程式を解明するため，どのようにデータ分析を行うか」ですが，まず考えられるのが「過去のデータに似た状況下であれば近い再現ができる（近似できる）」ということです。同じような状況，環境であれば同じようなことが起こる，という考えであり，かなり自然なアイデアでしょう。ビジネス街にあるコンビニエンスストアのランチタイムに訪れる先週と今週の顧客層と売れ筋は，おそらく同じような結果になるでしょうし，売上データは近いと予想されます。このアイデアは特にビジネスの現場で何かを予想するときに，無意識に行っていることです。同時に，コンビニエンスストアの例でも日単位で考えるならば，平日と土日祝は分けて考えようというアイデアも浮かびますが，状況によって分けて考える，つまり条件によって別々で考える・場合分けする，というアイデアも有効です。

補足

データを分ける方法の例として，データの前処理で使われるテクニックの一つに「ダミー変数にする」という操作がありますが，**図2.13**のように，「平日の場合は1，平日でない場合は0という列をつくる」という加工を行い，場合分けをデータ上で行うことが可能です。

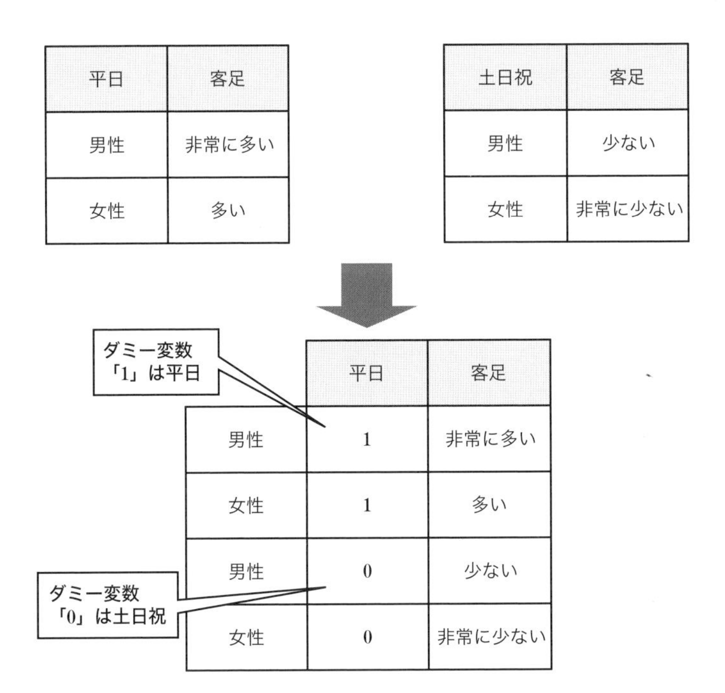

図2.13 データにおける場合分けの例（ダミー変数の設定）

この「同じような状況，環境であれば同じようなことが起こる」というアイデアですが，条件が完全に一致していなくてもある程度の誤差は許容されそうだ，と考えるのが自然です。先程のコンビニエンスストアがあるビジネス街では，近くのテナントビルに入っているある1社が移転した，というレベルであれば大きく状況が変化したとはいえませんので，再現性はおおよそ保たれるであろうと考えられます。しかし，目の前に競合のコンビニエンスストアがオープンした，はやり病で近辺の複数の会社が休業した，といったような明らかに明日からの売上に影響が出そうな事態が発生した場合，明日の売上の見積りが「今日と同じくらい」では誤差が大きくなってしまうことは容易に想像がつきます。このような場合に予測をどのように補正すればよいのか，について考えてみると，まずは「同じような環境，状況の他の地域，過去の例を参考にする」ということが考えられますが，そもそも今まで見聞きしたことのないような状況下では，どんな例を参考にすればよいのか見当がつきません。このような場面で利用するツールが，統計学や確率論といった分析手法です。

一旦，ここでの解説の興味の対象は何なのかを整理してみます。ここまでの例で話題にしている内容は「ビジネス街にあるコンビニエンスストアの明日の売上」であり，まさに「いまだ起こっていないこと」なので，「未来の予測」を指しています。すると，次のように整理できます。

過去のデータから未来を予測する，とは

過去のデータがある

→同じような状況下では同じような結果が返されると考える（仮定する）

→現在の状況にズレ（誤差）がある

→どれくらいのズレがあるとどのような補正をすればよいのか，これを解明するために分析手法を用いる

過去のデータについてそのメカニズムを解明しようとする目的でデータ分析を行う，ということは既に説明していますが，これは過去のデータを深く理解する作業であり，未来の予測を行いたい場合はあくまで「同じような状況下では同じような結果が返されると仮定」したうえで，さらに目の前の状況とのズレを考慮することが求められる，という構図になります。特に「単に過去のデータを調べ上げることは，そのまま未来の予測を自動的に行っていることにならない」という点が重要です。その理由は，「データが記録された当時と同じ状況がやってくることがない＝再現性がない」という点に尽きます。かつ，「考慮すべき情報の種類が多すぎる」という状態，つまり「複雑性」が伴うため，分析アプローチが難しいのです。このような観点からも「過去のデータを解析すること」と「未来を予測すること」は，ビジネスデータを活用するうえでは分けて考えるべきなのです。

不確実な未来を考察する際，ほかに重要なのが「確率的な考え方で実世界を見ること」です。理想と現実との「ズレ」を直すためにデータを活用する際は，「確率的な考え方」を取り入れるほかありません。ここでいう「確率的な考え方」というのは，いわば「本当にそうなりそうか」という程度を数値化することであり，「サイコロの目は全部で6つ，だから1の目が出る確率は$\frac{1}{6}$」というものとは全く異なります。

例えば会員カードを発行している雑貨屋がビジネス街にあるとして，ビジネス街という環境はこの先変わらないものとします。「会員No.0010の顧客が明日来店する確率は83.3%（$\frac{5}{6}$）」という予測があったとして，「翌日，会員No.0010の顧客は来店しなかった」という状況について考えてみます。サイコロのある目が

出る確率は「100回，1000回とサイコロを振ると，$\frac{1}{6}$に近づく」といった実験から求めることができますが，再現性がない現実の世界では同じ日を繰り返すことができるはずもないため，「予測では，翌日この顧客が来る確率は8割超，しかし来なかった」というただ1つの事実だけが結果として現れています。現実では，たとえ99%の予測を出したとしても残りの1%を引いてしまえば，現実世界ではこれが結果であり，ただ1つの事実となるのです。つまり時間が戻らない現実世界では，いくら高精度な予測で導き出してもはずれるときははずれる，という至極まっとうな真実があります。このような「そうなるかどうか，的中させるための予測」は非情な結果になることもある，ということをまず理解する必要があります。

その事実（翌日の結果）だけで見ると，「だったらあの予測は何だったのか，意味がなかったのではないか」と思ってしまいそうですが，確率を求めること，予測をすることは単に「当たった・外れた」という一喜一憂のためだけに使うものではありません。確率を求めることは，未来の見積もりを知る場面で力を発揮するものです。

先程の「会員No.0010の顧客が明日来店する確率は83.3%（$\frac{5}{6}$）」という情報について，これをどのように活用できるのか，についての説明を行います。

会員カード利用履歴などで会員No.0010の顧客は今まで6日のうち5日は来店していたことがわかったものとすると，

- 会員No.0010の顧客が今までに来店した割合は83.3%（$\frac{5}{6}$）

となり，これは

- 会員No.0010の顧客来店確率は83.3%（$\frac{5}{6}$）（ただし，今後も大きく状況が変わらない場合）

ともいえるため，「明日も8割ほどの確率で来店する」という予測を行っていることになります。

先程の例では翌日，この顧客が来店することはありませんでしたが，次のようなことに興味がある場合，この来店確率が活かされてきます。

- 会員No.0010の顧客は，今年あと何回来店しそうか？

来店回数を見積もることができれば，平均購入金額を掛けることでこの顧客がこの先お店に落とす金額の見積りもできそうです。この考えは，数学の期待値の計算（確率×金額）そのものです。

この期待値を求める過程を整理すると，次のようになります。

- 過去の解析：過去のデータ（顧客の来店回数）から頻度を求めた（＝統計をとった）
- 確率的な考え方：この顧客のある日の来店確率は83.3%である，と考えた（＝確率を求めて，今後も大きく状況が変わらないと仮定した）
- 未来の予測来店確率をもとに，今後の来店回数，購入金額を見積もった（＝売上の期待値を計算できた）

この過程の中で，データに関する各種分析手法や計算はそれ自体が予測を行っているわけではなく，あくまでその時点の数値を計算するツール，テクニックにすぎません。ただ，そのツール，テクニックによって，今回の例だと過去のデータと今年の売上の期待値をつなげることが実現できています。俯瞰的に見ると，確率的な考え方は過去のデータと未来の予測をつなげるツールとして重要な武器である，と見ることができます。

2.4 データと分析手法の関係

ここまででビジネス現場でデータを活用するためのデータの捉え方，考え方を解説しました。ここからは，より現実に近いシチュエーションを見ながら現実のデータを扱う場合のポイントを押さえて，データ分析手法と現実のビジネスをつなげる思考メソッドの仕上げを行います。

1 データが多数あることのメリット

今回は単純な販売記録のデータを例に，データ分析の有用性について確認してみましょう。

表2.9のデータは，ある飲食店のテイクアウト商品販売記録です。**表2.9**(a)では，日別の各商品の売上個数が記録されており，これとは別に，**表2.9**(b)では，日々の売上記録（レシートの記録のようなもの）も存在するものとします。日別の売上データはレシートデータの集計値と見ることができるため，「レシートデータは売上データの構成要素である」と考えられます。

表2.9　ある店舗の売上データの例

(a)　日別売上個数

日付	サービス定食	松定食	…	緑茶	烏龍茶	デザート
5/1	80	20	…	130	100	40
5/2	110	30	…	210	130	60
5/3	50	10	…	90	90	30
…	…	…	…	…	…	…

(b)　日々の売上記録

日付	購入品
5/1	竹定食，烏龍茶
5/1	サービス定食
5/1	おつまみセット，ビール
5/2	サービス定食，緑茶
5/2	梅定食，緑茶，デザート
5/2	梅定食，烏龍茶
5/2	おつまみセット，ビール
5/2	日本酒，ビール
5/3	竹定食，緑茶
…	…

ここで，ある実験を紹介します。それは，次のような内容の実験です。

【実験】透明の瓶に，小さいカラフルなチョコレートをたくさん入れる。チョコレートは全部で1,500個（N＝1,500）ある。この瓶を多数の人々に見せ，「この瓶にチョコレートが何個入っていると思うか？」と質問し，具体的な数値で回答してもらう。これを老若男女に質問したとき，回答はどうなるか？

この実験の回答例は250個，1,200個，2,348個，421個，…とさまざまですが，これら回答の平均値を求めると「回答者が多いほど，実際の値であるN＝1,500に近づく」という結果になります。この不思議な実験結果は，まさに「サンプル数を増やせば正解に近づく」ということの裏付けになっています。

この実験で不思議な点は，「瓶にチョコレートが何個入っていると思うか？」に対する予想は回答者一人一人の属性や印象も違えば測量スキルも全く異なるはずなのに，多くの回答を集めると，正解＝事実に近づく，という点です。これは分野でいうと統計学であったり，集団的知性，集合知だったりしますが，ビジネスで利用するためにはこの実験の一連の流れを次のように言い換えてみます。

- まず課題：「瓶の中にあるチョコレートの数が知りたい」があり，それに対してデータ：「複数人の予想」を集め，分析：「平均値を測定」し，仮説：「チョコレートの数はこれくらいだ」というフローを経て，結果的に「正解＝事実に近づいた」

冒頭の飲食店の売上データとこの実験を照らし合わせてみると，一人一人のチョコレートの個数予測値が個々のデータ，すなわち売上記録でいうと各レシートに対応します。この実験では回答者の予想個数を平均して実際の個数に近くなった，という結果でしたが，この実際の個数（事実）が何に相当するかというと，それはこの店舗の「客観的な事実」です。つまり，この店舗の客観的な事実とは「何がどれくらい売れているのか」であり，これは「この店舗がどのように顧客に利用されているのか」そのもの，もう少し大きな捉え方をすると「この店舗の特徴」ともいえます。

通常，売上データは集計をとったり推移を見たりしていろいろな角度から手を加えて数値を見ますが，これはまさに店舗の状態（その時点の真の姿）をありのままに見たいがために，分析を行って＝分析手法というツールを用いて把握しようとする行為そのものになっており，チョコレートの個数の実験と同じような構造になっているのです。

企業は実現したいこと，思い描いた理想の未来に向かって日々活動を行っていますが，その理想の未来に近づいているのかどうか，その真の姿を知るためにデータを集めて，それを確かめるためにデータ分析を行う，ということです。すると，データ分析は「真の姿を構成する要素であるデータを用いて，真の姿を知るための手段」といえます。

データを「真の姿を構成する要素」と考えると，「知りたいことに関係するデータを集めなければ集計や分析が行えない」ということになり，知りたいことに関係のあるデータがない状態では真の姿に近づくことができない，ということにもなります。裏を返せば，データの取り方を工夫するなどして，データの種類や数が十分に用意さえできれば，単純集計を行うだけでも高い精度で店舗の特徴を捉えることができる，ということでもあるのです。これは，データ分析における一般的な認識である「分析の精度はデータの質と量によるところが大きい」という部分がビジネスにおいても共通している，ということを意味しています。

2 データと分析手法の関係

ビジネスにおいても「分析の精度はデータの質と量によるところが大きい」ということを確認したところで，次にデータと分析手法について，どのように捉えることが現実のビジネスでのデータ活用で望ましいかを解説します。

まず，データそのものは「現実の構成要素の一部である」ということに注意します。ある店舗のデータを例にみると，

○月○日○時○分　○○市○○町在住　24歳　女性　商品A購入　○○円
○月○日○時○分　○○市○○町在住　32歳　男性　未購入　○時○分退店
○月○日○時○分　…

と，まさに顧客情報と顧客の行動の記録そのものです。現実的には世の中のあらゆる情報を完全に把握することは困難ですが，あらゆる情報からいくつかの情報を切り取ったものが「データ」である，と見ることができます。

ここで，「そもそも全体のうちどれくらいの範囲を切り取ったのか」を考えてみます。先程の例は店舗に来店し，何を購入したのかという記録でした。

今回は「商品Aの売れ行きが落ちてきている気がするので，どのような顧客が商品Aを購入したのかを解明したい」という目的があったものとします。どのような顧客が商品Aの購入に至ったのか，その実態はつかめそうですが，「な

ぜ商品Aを購入してくれるのか」を考えると，やや物足りない印象が残ります。そもそも来店する前は商品Aの必要性があったのか，どのような動機があったのか，といった背景が存在していそうですが，さまざまな背景があることを考えると，先程の店舗のデータ例では全体のほんの一部しか見ていないことになります。また別に，「なぜうちの店舗に来店するのか」という部分に興味がある場合，例えば近隣に競業他社があると，顧客の購買履歴のみならず他店との比較も考慮する必要がありそうです。

単に購買記録というデータを例にとっても，「事実全体からほんの一部分しか切り取っていない」，言い換えれば「**興味のあること，知りたいことを探求するにはデータは不足しがちである**」という事実を認識しておくことが重要です。

何を知りたいか，何に興味があるのかによって必要なデータは異なりますが，どんな興味をもって何を知りたいか，が明確に定まっていないのであれば，目的に備えてデータは多くあればあるほど良いことになります。理想的には，初めからあらゆるデータがそろっているに越したことはありません。しかし，多くの場合，収集したデータでは全体のうち一部しか見えていないことが多く，「手元のデータ＝事実の構成要素の一部から，いかに知りたいこと＝事実を調べるか」が問題になります。この「一部の情報から事実を調べる方法＝ツール・技法」として有用なのが，データ分析手法である，といえるのです。

次に，事実を調べるためのツール・技法であるデータ分析手法は，次の2種類に分類することができます。1つ目は「**当てはまるかどうか**」，2つ目は「**どれくらいの数値になるか**」です。

1つ目の「当てはまるかどうか」は，まず焦点を「当てはまる」の1つに絞ります。厳密にいえば興味の対象を固定する，という操作を行い，「それに該当するか，しないか」というデータの仕分けを行います。例えば購買行動の場合，ある商品を「買うか，買わないか」になります。女性であるかどうかに興味がある場合，「女性か，そうでないか」といったように2択で考えることです。取り得るパターンが3パターン以上の場合，「それぞれのパターンに該当するかどうか」で考えると，**それぞれのパターンに「当てはまる・当てはまらない」つまり「それか，それ以外か」の2択**で考えることができます[†]。ビジネスで利用されるケースだと，主に機械学習を用いた「多クラス分類」もこちらの「当てはまるかどう

† A・B・Cのどれか，というケースにおいても，Aに当てはまるかどうか・Bに当てはまるかどうか・Cに当てはまるかどうか，とそれぞれ2択で考えることができます。

か」になります[††]。ちなみに，「あるカテゴリや種類に当てはまるか・当てはまらないか」を求めるタイプの問題を「分類問題」といいます（3.3節1項）。

2つ目の「どれくらいの数値になるか」については，先程の2択の分類とは異なり，結果として数値を返します。例えば明日の来客数や売上を予測したり，来期の成長率を予想したり，目標達成の確率をパーセンテージ（%）で計算したりするケースがこれに該当し，「ある数値がどれくらい，どの程度になるのか」が興味の対象となります。このようにデータから予測値（数値）を求めるタイプの問題を「回帰問題」といいます（3.2節1項）。

†† 例えば，完成品をカメラで検品し不良品かどうかを自動的に判別させたり，手書きの数字を読み取って0～9のどれなのか，に分類したり，画像の人物や物体を認識させたりするケースです。

まとめ

本章では，ビジネスにおいてデータをどのように考え，どのような捉え方により活用するか，そのメソッドの解説を行いました。ポイントをまとめると，以下のようになります。現実のデータはその用途や場面によってさまざまですが，「ビジネスの現場でのデータ活用」という目的がある場合，本章の思考メソッドによって目の前のデータが「単なる記録」の域を超え，「活用するための材料」と見ることができるでしょう。

- 「実現したいこと」に近づくためのアプローチである「課題設定→データ収集→分析→仮説構築→検証」というフローは，ビジネス（のみならず，日常の意思決定）にも全く同じく当てはまる
- 「実現したいこと」を具現化させるため，原因と結果の構造を表の形（原因と結果・効果の表）で表現する
- 原因は無数に考えられるため，いまだ見えていない部分が圧倒的である
- 時系列データは単に観測者にとって都合の良い期間設定で切り取ったものであり，目的に沿って異なる期間設定でデータを切り出す必要がある場合もある
- 原因となる項目の中身は，時間の経過とともに変化している
- 原因となる項目は「介入（コントロール）できる項目か否か」で採否を決めなければならない場面もある
- データ分析結果はあくまで過去の解析であって「同じような状況が訪れた場合，同じような結果になる」という仮定のもとでのみ，予測に利用することができる
- データは現実の構成要素であり，全体の一部分を切り取っている状態である
- （現実の構成要素の一部である）データを用いて，事実がどのようになっているのかや，そのメカニズムを調べるツール・技法がデータ分析手法である
- 分析を行う際は「当てはまるかどうか」と「どれくらいの数値になるか」のどちらのアプローチで進めるとよいのか，を考える

第3章

ビジネス現場で使える分析手法

分析手法は，現場のデータを実戦で武器にするための「加工方法」に相当します。本章では，ビジネスデータ分析でよく登場する各種分析手法を取り上げ，できるだけ難解な数式を使わず「その手法はビジネス現場でどのように使えるものなのか」に重きを置いて解説します。

3.1 データ分析で最低限知っておきたいこと

データを分析する手法にはさまざまなものが存在しますが，何も高度な手法を使うことだけを指し示しているわけではありません。ここでは表計算ソフトでも比較的気軽に計算できる「平均値，標準偏差，最頻値，中央値」，「相関関係」，そして最も単純に見えて最も解析が難しい「因果関係」について解説します。

1 集計できたら，まずチェック～基本統計量（平均値，標準偏差，最頻値，中央値）～

平均値，標準偏差

平均値（あるいは単に**平均**）といえば，通常は「算術平均」（数値データの総和をデータの個数で割ったもの）を指します。平均貯蓄，平均来場者数，平均顧客単価，…など，これらビジネスで使われる平均値はおおむね算術平均です。ここでは特に，平均値を読み取るうえで注意したい点を述べます。

平均値は，ある集団（または集合体）の特徴を見るときに便利な数値ですが，集団の特徴をありのまま表現しているわけではないことは，普段から数値データを活用している読者なら想像が付くでしょう。例えば，ある5人の身長が次のようであったとします。

①168 cm，171 cm，165 cm，172 cm，174 cm
②175 cm，110 cm，158 cm，205 cm，202 cm

①，②のいずれも，5人の平均身長は170 cmです。しかし，「平均身長が170 cmである」という情報だけでは，その集団に属する人の状況（属性）を断定できる情報は読み取れないことがわかるでしょう。

平均値からは把握できない特徴にデータのバラツキがあります。このバラツキを表現するのが，**分散**や，その平方根をとった**標準偏差**です。ただし，分散は数値が大きくなりがちであることや，分散はデータの2乗の単位をもつこと（上の身長の例では，分散の単位は〔cm^2〕です）などから，バラツキは標準偏差で表記することが多いです。標準偏差が小さいと平均値からあまり離れていないデータが多く（上の例では①），標準偏差が大きいと平均値から離れているデータが多い（上の例では②）ということになります。

最頻値，中央値

データの特徴を表す基本統計量には，平均値と標準偏差のほかに「**最頻値**」や「**中央値**」があります†。ビジネスの現場において，最頻値と中央値は，使う場面や事例が平均値や標準偏差に比べて少ない印象がありますが，次に述べるように，平均値より集団の特徴をよく表す場合があります。

まず「最頻値」ですが，これは簡単にいえば「データの中で最も多いもの」です。例えば「膨大な購買履歴データから，1回に購入する個数は何個が多いのか」を調べるようなケースでよく用いられます。これが金額になると，レンジ（範囲）をとって集計するときにはヒストグラムによる視覚化が最適で，これで事足りるケースがほとんどです（ヒストグラムについては，3.4節で扱います）。

次に「中央値」ですが，これは「データを数値の小さな順に並べたとき，ちょうど真ん中にあるデータの値」のことを表します。データ数が奇数，例えば5つの場合は小さい方から3番目のデータの値が中央値になり，データ数が偶数，例えば4つの場合は2番目と3番目のデータの平均値が中央値となります。

中央値の使いどころとして，「平均値をとってみたところ，極端な値の影響が大きすぎると判断される場面」があります。例えば，日本の平均年収は約433万円（令和2年分民間給与実態統計調査）ですが，これは「平均値は一部の大きな値（年収）の影響を受けて吊り上げられてしまい，市民感覚から離れてしまう」というものです。そこで，市民感覚として中央値である約399万円（毎月勤労統計調査令和4年2月分結果）を見る，といったことが行われます。

2 データ同士の「つながり」を見る～相関関係と因果関係～

相関関係

まず，相関関係の意味について整理します。相関関係は，簡単にいえば「2つの変数の組について，一方の変数が増加すると他方の変数も増加する場合は正の相関（同じ方向に変化）があり，一方の変数が増加すると他方の変数は減少する場合は負の相関（逆の方向に変化）がある」というものです。例えば，「気温（変数1）とアイスクリームの売上（変数2）には**正の相関**がある」「サウナに入っている時間（変数1）と体内の水分量（変数2）には**負の相関**がある」といえます。

† 最頻値と中央値は，平均値のように，集団の性質を（ある意味で）代表する数値として用いられます。このように，集団の性質を代表する数値を，代表値と呼びます。

2変数の関係を視覚的に表現すると**図3.1**のようになり，正の相関がある場合は右肩上がり，負の相関がある場合は右肩下がり，相関がない場合はいずれでもない，ということができます。相関関係を示す定量的な指標に**相関係数**[††]があります。相関係数は−1～1の値をとり，1に近いほど正の相関が強く，−1に近いほど負の相関が強く，0は相関なし，となります（相関係数については後で踏み込んで説明します）。

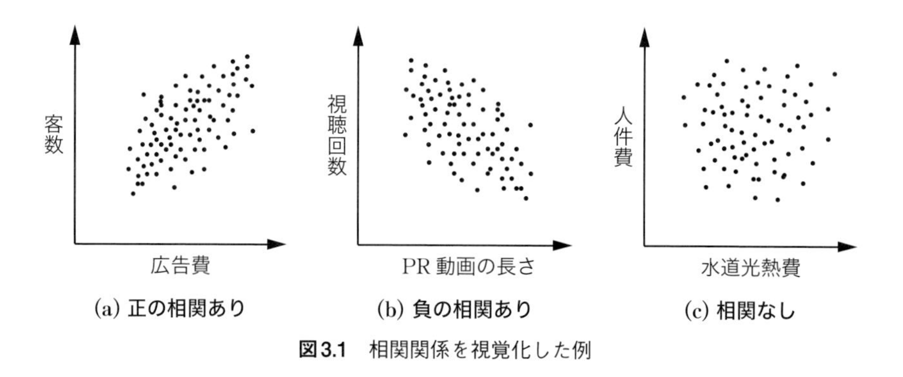

図3.1　相関関係を視覚化した例

ここで注意したいのは，相関関係は「2つの変数の「数値の関係」について説明している」ということです。例えば，「1973年以降，大気中のCO_2濃度は増加し，日本の出生数は減少しているから，これらは負の相関関係がある」「日本では，スマートフォンの普及率と後期高齢者の人口はともに増加しており，これらは正の相関関係がある」ということが成立しています。しかし，当然ながら，大気中のCO_2濃度と日本の出生数の間にも，スマートフォンの普及率と後期高齢者の人口の間にも，因果関係（原因と結果で結び付く関係）はありません。この相関関係に違和感をもつ読者がいると思いますが，この違和感こそが，相関関係と因果関係を混同したときに抱くものです。

因果関係

因果関係は，具体的に，次のように説明できるでしょう。

†† 相関係数にはいくつか定義がありますが，単に相関係数というときは「ピアソンの相関係数」を指します。

因果関係とは

1. 「原因→結果」(原因が発生し，その原因から結果が生じる) が観察できる
2. 一方に変化を及ぼすと，もう一方も変化する (介入の効果が認められる)

ビジネスにおいて，因果関係 (正確には因果性) を明確に発見するのは非常に困難を伴いますが，重要なのは「相関関係があるからといって因果関係があるとは限らない」ということです。

相関分析 (ピアソンの相関)

前述のとおり「相関関係があるからといって因果関係があるとは限らない」のですが，相関関係がある組合せの中に，因果関係が潜んでいる可能性はあります。そこで，実務的には次のようなアプローチをとります。

相関分析から因果関係を調べる基本的手順

1. 存在するデータのできるだけすべての組合せについて，相関係数を調べる (相関分析)
2. 相関関係がありそうな組合せをピックアップし，深掘りする

ただし，前提として，データ量が十分にあること (著者の経験上，少なくとも30以上は欲しい) が必要でしょう。

補足

データが身長や体重，売上のような「連続変数」ではなく，順位データ (例えば，1位を1，2位を2，…としたデータ) についても相関解析は可能ですが，その場合は「スピアマンの相関係数」と呼ばれるものが使われます。

まず1.について説明します。例えば，ダイエットサプリメントの販売会社が所有する購入者データが「名前，性別，住所，身長，体重，購入金額，DM回数，…」となっているとしましょう。このとき，「名前」はいわばIDに相当し，「性別，住所」は属性データ，「身長，体重，購入金額，DM回数，…」は変数 (連続変数) と分類できます。そして，連続変数である「身長，体重，購入金額，DM回数，…」からすべての組合せについて相関係数を計算します。連続変数が「身長，体重，購入金額，DM回数」の4種類なら，全部で6通りの組合せがあるので，相関係

数は6つ計算します。ここで，相関係数は2つの変数の組合せについての相関の強さを表し，**表3.1**に示す目安によって相関の有無や強さを判定します[†††]。

表3.1 相関係数と相関の強弱の関係

相関係数の値の範囲	相関の強弱
0.7～1.0	強い正の相関
0.4～0.7	正の相関
0.2～0.4	弱い正の相関
−0.2～0.2	相関なし
−0.4～−0.2	弱い負の相関
−0.7～−0.4	負の相関
−1.0～−0.7	強い負の相関

次に，2.では，相関の認められる組合せをピックアップし，その組合せに因果関係がありそうかを考察します。なお，ビジネスの現場で相関関係を見るときに重要なのは，「現実的に役立ちそうで，自ら操作できる（介入できる）変数が含まれているかどうか」です。

先ほどの4種類の変数「身長，体重，購入金額，DM回数」の相関分析により売上アップを検討したいとしましょう。この場合，「身長」と「体重」に強い正の相関があったとしても，それは売上アップというあるべき未来とは何ら関係のない情報でしょう。また，「購入金額」と「体重」に相関が認められたとしても（さらに，実は因果関係があったとしても），「購入金額を増やすためには顧客の体重を増やせばよい」という，施策の打ちようがない仮説が生まれてしまいます。そこで，上で述べた「自ら操作できる（介入できる）変数」に着目します。今回であれば，「DM回数」と「購入金額」の相関関係に着目すればよいでしょう。

補 足

仮に，「DM回数」と「体重」，または「体重」と「購入金額」に相関関係がある場合，「グルメ情報のDM回数によって，顧客は外食機会が増え，それとともに体重が増加し，自社が販売するダイエットサプリメントの購入金額が伸びている」という複数の因果関係が成立しているかもしれません。しかし，ややもするとこじ付けになりかねないので，複数の変数をまたぐ考察では注意が必要です。

††† 相関の強弱の境目となる相関係数の値は，文献により多少異なります。

実際に相関係数を計算してみると，きれいな結果が出ないことは往々にしてあります。中には「感覚的・経験的にはあるはずの，または客観的にはありそうな相関が出ない」という事態もあるでしょう。このときの対策を考えてみます。

よくあるのが，「相関係数の計算に用意したデータのグルーピングが適切ではないこと」が原因の場合です。例えば，本来ならば性質が全く異なる集団を混ぜ込んでしまい，全体として「相関なし」という結果になるケースです。

この「相関が出ない」ケースは，その逆，つまり「ないと思っていた相関が出てしまうケース」を考えるとわかりやすいかもしれません。多少強引ですが，**図3.2**のように，「ある小学校において，児童のパンの摂取量と身長には正の相関関係がある」という結果が出たとしましょう。この場合，そもそも男女でパンの摂取量は違っていて（男子のほうがたくさん食べるとします），身長も男子のほうが平均的に高く，男女別々に相関係数を計算すると「相関なし」になります。

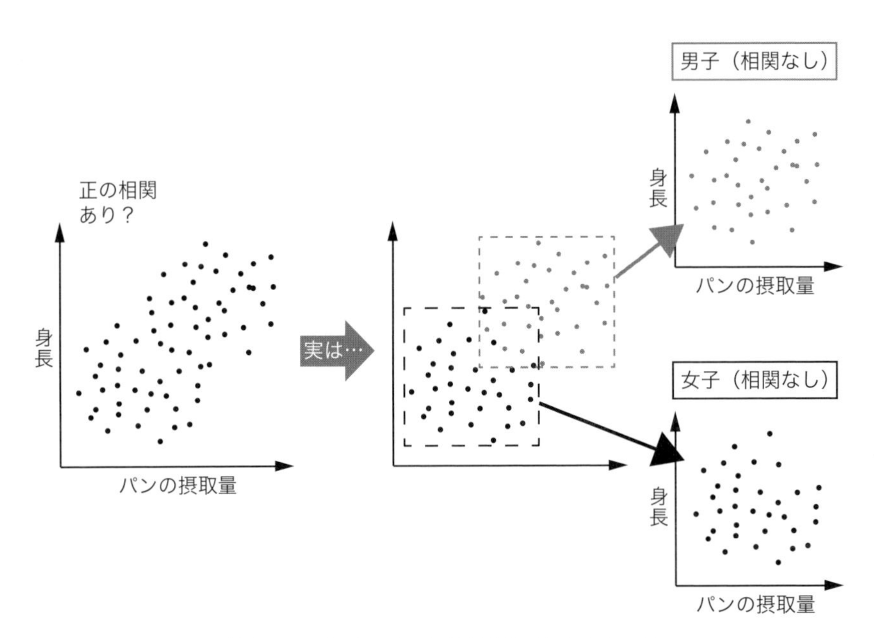

図3.2 ないと思っていた相関が出てしまうケース

一見相関がありそうでもグループ別に見ると相関がなかったり，逆に相関がなさそうでもグループ別に見ると相関があったりと，「対象とするのはどのようなグループなのか」を目的に沿って明確に，かつ慎重に吟味する必要がある，ということです。

3 データ間に「真の関係」はあるか？～因果推論～

相関関係が認められた後，因果関係の有無を考察することになります（これを**因果推論**といいます）が，ここには大きなワナが潜んでいます。そのワナとは「因果性はないものの，相関関係は認められる」というものですが，下記の「因果関係とは」に注意すれば，ワナは回避できるでしょう。

因果関係とは（再掲）

1.「原因→結果」（原因が発生し，その原因から結果が生じる）が観察できる
2.一方に変化を及ぼすと，もう一方も変化する（介入の効果が認められる）

それでは，いくつか例を見ていきましょう。

疑似相関（交絡因子の存在）

例1 アイスクリームの売上が増すと，水難事故が増える。

これには，アイスクリームの売上と水難事故，それぞれに影響を与えている第三の変数の存在（因子）が考えられます。ともに夏場に増えそうな事象であり，「気温とアイスクリームの売上」「気温と水難事故」にはそれぞれ正の相関がありそうです。この例では「気温」が第三の変数，つまり，気温という「交絡因子」の存在により，あたかもアイスクリームの売上と水難事故につながりがあるかのように見えた，というわけです。

また，因果関係の2.の観点からも，この例の因果性には不可解な点があるといえます。例えば，プロモーション活動でアイスクリームの売上を伸ばしたところで，水難事故を増やすことは想像しがたいでしょう。

因果の方向が逆

例2 派出所が作られると，犯罪件数が増える。

実際は「犯罪件数が多いところに警察官が配置されている→派出所ができる」という時間の流れが自然な解釈でしょう。つまり，この例は因果の方向が逆というわけです。

単なる偶然

例3 日本のGDPが低迷すると，ロックバンドの曲が売れない。

相関係数は2変数の増減の仕方によるところが大きいため，ある期間の変数の推移を取り出すと，偶然にも相関関係が認められる場合があります。これを利用した「発信者にとって都合の良い期間のデータを，主張したい事柄のエビデンスにする」という方法により，あたかも因果関係があるかのような記述が完成してしまうのです。

いわゆる「こじ付け」は，これに近いといえます。

因果推論には，確率的，あるいは統計的アプローチで因果性を探る方法があります。数学的にやや高度なので本書では詳しく取り扱いませんが，データ分析の基本ともいえる相関分析と非常に密接な関係にあります。因果性の基本的な概念を身に付け，計算から機械的に導き出された仮説を消去法的なスタンスで疑い，真に有益な情報へ近づくために，相関分析や因果推論はビジネスにおいて必要な知識であることは，間違いありません。ぜひ基本的な概念を体得し，身の回りのデータを眺めてみてください。

3.2 ビジネスデータを扱ううえで知っておきたい「多変量解析」

多変量解析は，複数（多）の種類のデータ（変数・変量）を使ってデータの関係性を調べることで，新たな知見を発見したり，何かを予測しようとする際に用いられたりする分析手法の総称です。まず，データの関係性を調べることによく用いられる手法について，ビジネス的な例を用いつつ解説します。

1 「統計モデル」の基本～回帰分析～

単回帰分析

分析を行う際，データは**目的変数**と**説明変数**に分別されます。ここで，1つの例を挙げて説明します。

あるアイスクリーム屋が，日々の利益とその日の最高気温を記録していました。ある程度記録（データ）がそろったところで，店主は翌日の利益を予想したいと考えました。このとき利益を予想するために使う分析手法，それが回帰分析です。

回帰分析で扱うデータは，**表3.2**のようなものです。

表3.2　あるアイスクリーム屋のデータ

日付	利益〔万円〕	最高気温〔℃〕
1/1	5	3
1/2	3	4
1/3	1	5
…	…	…
7/31	30	30
8/1	28	31
8/2	35	33
…	…	…
12/31	5	7

今回の分析のターゲットとなるのは「利益」で，このターゲットとなったデータのことを目的変数といいます。またこの目的変数を計算するために使用するデータのことを，説明変数といいます。

このアイスクリーム屋のデータは「目的変数＝利益」「説明変数＝最高気温」となります。日付については，今回は各データに付いている名前のようなものでありデータ分析には使いません。単に「分析に利用しないデータは，説明変数として利用しない」ということです。

さて，説明変数である最高気温のデータから明日の利益を予想できるか，について考えます。今回は，説明変数の種類が「最高気温」のただ1種類です。説明変数が1つだけなので，この回帰分析のことを**単回帰分析**と呼びます。それでは実際に最高気温のデータを使って，目的変数である利益を単回帰分析してみましょう。

まず，データを眺めてみると，(目的変数，1つの説明変数)のペアになっているように見えます。これを，グラフにプロット（視覚化）してみます。

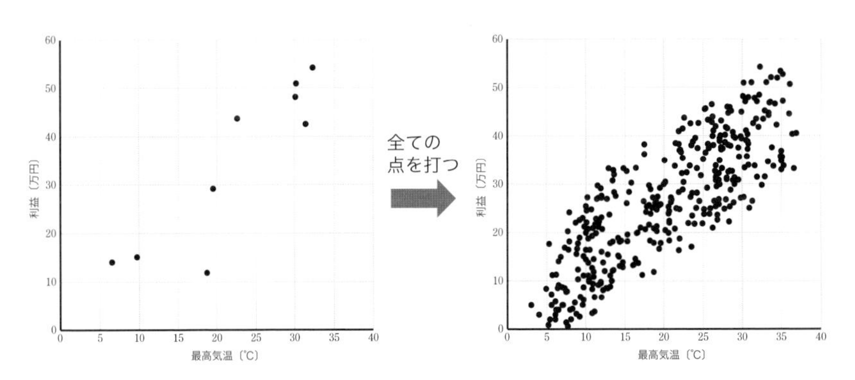

図3.3　最高気温と利益のデータを視覚化した例

すると，**図3.3**のとおり，たくさんの点がグラフに現れました。この点の特徴を見てみると，次のようなことが読み取れるはずです。

- 最高気温は0℃～40℃の間をとっている
- 全体的に右肩上がり

ここで，このグラフにもうひと工夫してみます。全体的に右肩上がりになっているので，「ほど良い」ところに直線を引いてみましょう。

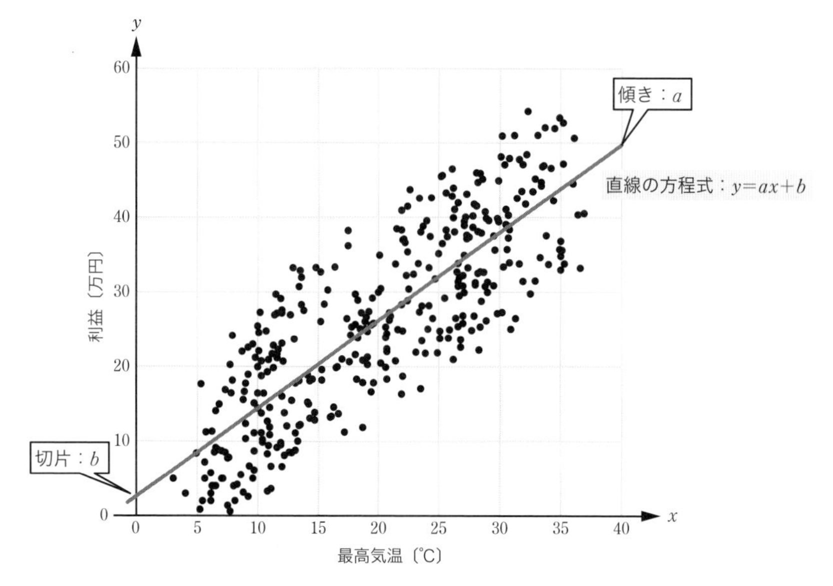

図3.4 右上がりのデータに線を引いた結果

図3.4のように引いた直線を，横軸（最高気温軸）をx軸，縦軸（利益軸）をy軸とするxy座標平面上の直線と思うと，この直線は1次関数$y=ax+b$（a，bは定数）を表すものと考えることができます。この式$y=ax+b$こそが，最高気温から利益を予測する単回帰分析で求めた「回帰式」なのです。

補 足

図3.4のように引いた直線の方程式$y=ax+b$の定数a，bを，最高気温と利益のデータから求める方法としては，一般に最小二乗法というものが用いられます。最小二乗法は，簡単にいえば，各日の最高気温xに対する$y(=ax+b)$の値と実際の利益との誤差を積み上げたもの（正確には，誤差の2乗の和）が最小になる場合を考える，というものです。

また，「求めた式$y=ax+b$がどの程度データに当てはまっているか」を表す指標として，決定係数R^2というものがあります。R^2は「この回帰式でデータ全体の何%が説明できているか」という意味合いがあり，この値が1に近いほど精度が良いと評価します。

求めた回帰式$y=ax+b$では，yは利益でした。つまり，x（最高気温）に何か数値を入れるとy（利益）が計算できる，というものです。

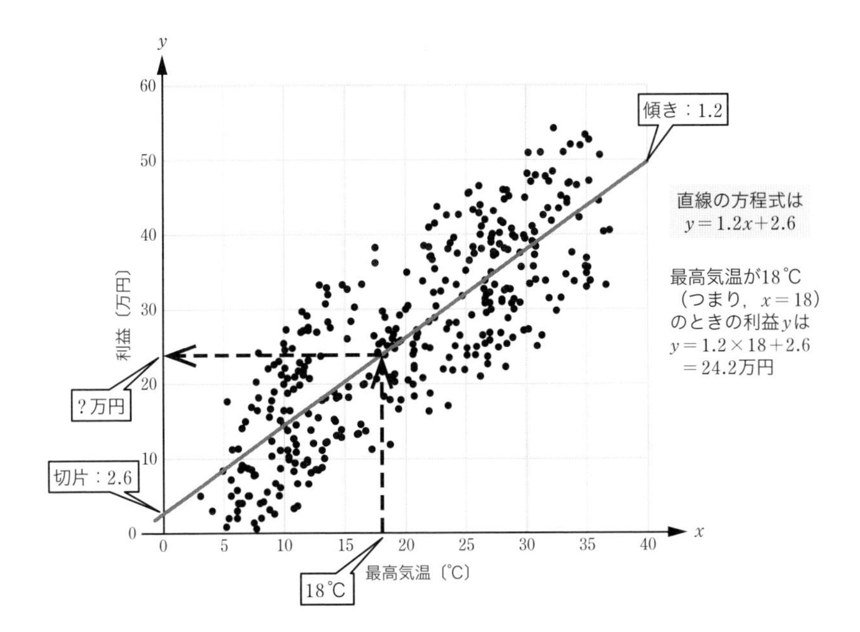

図3.5　アイスクリーム屋のグラフと回帰式

これで，アイスクリーム屋の店主は翌日の予想最高気温から利益をおおまかに予想できるようになります。そして求めた回帰式が，このアイスクリーム屋の利益についての統計モデルとなります。

重回帰分析

しかし，「最高気温のデータさえあれば，翌日の利益が予想できる」というのは現実的ではないかもしれません。アイスクリームの利益には，最高気温以外にもさまざまな原因が絡んでいそうです。例えば，イベントスペースのそばに立地していればイベントの開催の有無によって人の流れが大きく変わるでしょうから，利益に影響が出そうです。そこで，このアイスクリーム屋のデータが，実際には**表3.3**のようになっていたとしましょう。

表3.3 あるアイスクリーム屋のデータ（**表3.2**の拡張）

日付	利益〔万円〕	最高気温〔℃〕	仕入れ高〔万円〕	イベント（有:1，無:0）
1/1	5	3	6	0
1/2	3	4	6	0
1/3	1	5	6	1
…	…	…	…	…
7/31	30	30	10	0
8/1	28	31	9	0
8/2	35	33	9	1
…	…	…	…	…
12/31	5	7	5	1

通常，企業のデータは複数の項目を有しているため，説明変数の種類が複数あると思えばよいでしょう。今回も分析の目的は「翌日の利益を予想したい」とし，同様にアプローチしてみましょう。

まず，単回帰との大きな違いは「説明変数が1つではない」という点です。最高気温のほかに，「仕入れ高」，「イベント」という説明変数が増えました。このように，説明変数が複数あるときの回帰分析を**重回帰分析**といいます。

今回のデータ項目を見ていきましょう。目的変数である利益，説明変数の1つである最高気温は変わりません。次に仕入れ高ですが，こちらは経費，費用ともいえるため，マイナスの要素＝増えれば増えるほど利益を減らす変数でしょう。次にイベントですが，データを見ると「0か1」になっています。実は，近くに小さなイベントホールがあるアイスクリーム屋という設定で，イベントが開催されたら1，イベントがない日は0という記録をとっていたとします[†]。

単回帰分析と同様に記録をプロットしてみようと思いますが，ここで問題が生じます。説明変数が複数あると，視覚化できなくなることがあるのです。最高気温，仕入れ高までは3軸で3次元のグラフが作れそうですが，説明変数が3つ以上だとグラフでは表現できません（**図3.6**）。

† これはイベント実施の有無をダミー変数（2.3節5項参照）で表したことになります。

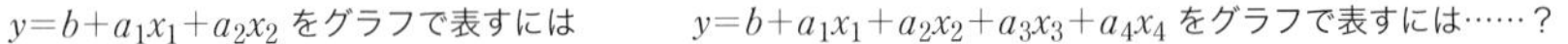

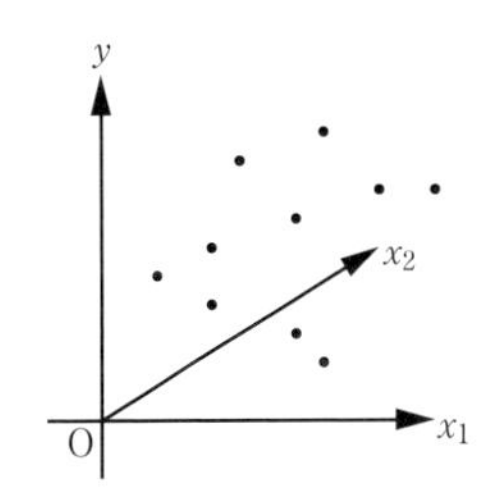

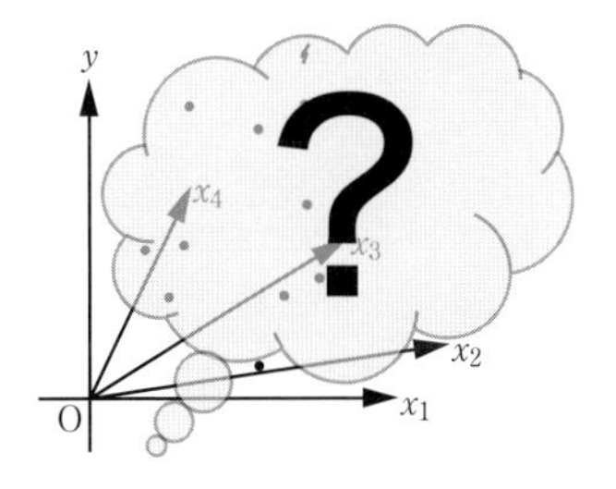

図3.6　3次元より大きい次元のグラフは表現できない

ただし，式で表すことは可能です。説明変数が増えたとしても，数式なら表現できます（**図3.7**）。なお，単回帰分析では説明変数を記号xで表しましたが，説明変数が複数ある重回帰分析では，説明変数を表す記号の種類が多くなるとややこしくなるので，「1つ目のx，2つ目のx，…」を表すために，xの右下に小さく数字を書き添えます（この数を「添え字」といいます）。説明変数の係数aについても同様です。

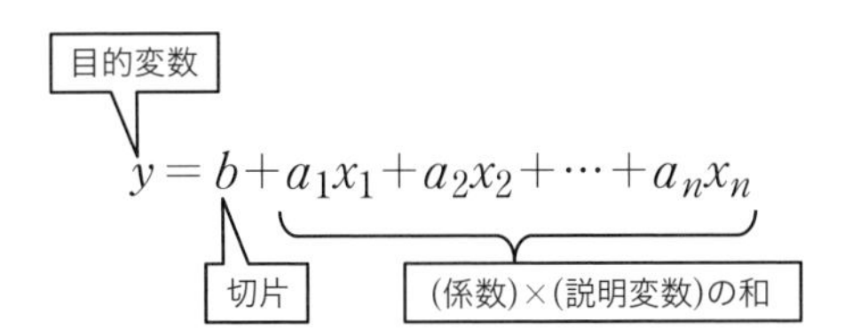

図3.7　説明変数が2つ以上の場合を数式で表す

ここで，**表3.3**のデータをもとに，次の回帰式が得られたとします。

$$y = +1.8 + 1.2x_1 - 0.3x_2 + 3.5x_3$$

ただし，各数字や記号の意味は次のとおりです。

- y：利益（目的変数）
- $+1.8$：切片
- x_1：最高気温（説明変数，係数は$+1.2$）
- x_2：仕入れ高（説明変数，係数は-0.3）
- x_3：イベントの有無（説明変数，係数は$+3.5$）

新たに追加された2つの説明変数を詳しく見ていくと，

- x_2：仕入れ高　係数は-0.3　…仕入れ高は費用なので，係数がマイナスになっている
- x_3：イベント　係数は$+3.5$　…イベントの有無のデータで，「0か1」

であり，特にx_3については「数値で表せないデータを便宜的に表現した変数」である「ダミー変数」を設定しています。ダミー変数については2.3節5項でも説明しましたが，例えば「男性なら1」「週末の金～日曜日を1」「日付のうち消費税導入後を1」といった記録を数値データとして表現する際に用いられるデータ加工のテクニックで，データ分析の強力な武器になります。

イベントがない日（$x_3=0$）

ダミー変数x_3

$$y=1.8+1.2x_1-0.3x_2+3.5\times\mathbf{0}$$

$(=0)$

イベントがある日（$x_3=1$）

ダミー変数x_3

$$y=1.8+1.2x_1-0.3x_2+3.5\times\mathbf{1}$$

$(=+3.5)$

図3.8　ダミー変数

結局のところ，今回のアイスクリーム屋の利益を表す回帰式は次のように解釈できます。

- 係数が最も大きいのは，「x_3：イベント　$+3.5$」…イベントの有無は利益に与える影響が大きそうだ

さて，ここで現実的な問題を設定してみます。アイスクリーム屋の店主が次のような課題を抱えていたとします。

【課題①】利益をもっと伸ばすには，どういう施策を打てばよいか？
【課題②】真冬日に利益が落ち込むのは仕方ないが，赤字になるのは避けたい。仕入れ高をゼロにするわけにもいかない。注意すべき日はどんな日か？

【課題①】の解決には，重回帰分析で導き出した回帰式を利用します。利益に最も寄与する説明変数は，係数が$+3.5$で最大であった「イベントの有無」でし

たので，「イベントがある日を調べて，この日に集中してプロモーション活動を行う」という施策が考えられます。さらにイベントに足を運ぶ顧客層がどのようなタイプの人たちなのかを把握できれば，看板のデザインを刷新したり割引クーポンを発行したりするなど，次の一手につながることでしょう。

次に，**【課題②】**について考えます。利益が落ち込む条件としては，回帰式より「最高気温が低く，イベントがない日」です。仕入れ高の最小値が$x_2=1$とすると，回帰式から次のようになります。

$$y=+1.8+1.2x_1-0.3$$

赤字になるのは避けたい，とすれば，それはyが0を下回らないということなので，不等式で表すと

$$y=+1.8+1.2x_1-0.3>0$$

となり，これを解くと

$$1.2x_1>-1.5 \quad すなわち \quad x_1>-1.25$$

になります。これは「仕入れ高x_2を最小にした場合，最高気温x_1が-1.25℃よりも大きいと利益yがプラス（黒字）になる」ということなので，「仕入れ高x_2を最小にした場合，最高気温x_1が-1.25℃を下回ると利益yがマイナス（赤字）になる」という予測ができたことになります。

この予測結果を現実的に解釈してみると，「天気予報で予想最高気温が-2℃のとき仕入れ高を最小に抑えたとしても赤字になる可能性が高いため，最低気温が0℃を下回るような時期に入る前に新メニューの考案やプロモーション活動を検討するか，真冬日は計画的に休業も検討すべき」といったところでしょうか。

ここではアイスクリーム屋の例から単回帰分析，重回帰分析を用いて実際の分析イメージをお伝えしました。データから回帰式を求めるのは各種ソフトやプログラミングを利用することで簡単に行えますが，その解釈から活用までは人間が行わなければなりません。あくまで分析それ自体はツールなので，「分析すること」と「分析結果を現実に活かすこと」は別の話です。

ロジスティック回帰分析

アイスクリーム屋の例では目的変数を「利益」に設定しましたが，次のようなデータについては**ロジスティック回帰分析**を用います。例として「無料のポイントカードを発行しているファッションショップが新たに有料プレミアム会員制度を作り，そのプレミアム会員に入会したかどうか」について，回帰分析を行います。設定する課題は次のとおりです。

課題 プレミアム会員数を増やしたい。どんな顧客を優先すべきか？

今回は**表3.4**の顧客データを用いて，会員がプレミアム会員資格を有しているか否かを目的変数として，分析を行いたいとします。このデータの大きな特徴は，

- 目的変数が「0 or 1」のデータになっている

という点です。

表3.4 有料プレミアム会員の資格の有無に関する顧客データ

会員ID	プレミアム会員資格（有：1，無：0）	累計購入金額〔円〕	性別（男性:1，女性:0）	年齢〔歳〕
1001	1	19800	1	27
1002	0	1000	0	22
1003	0	4900	0	27
1004	1	12500	0	30
1005	1	9800	1	32
1006	0	10000	1	24
…	…	…	…	…

まず，x軸に「累計購入額」，y軸に「(プレミアム会員への）入会」をとり，プロットしてみます。y軸は「(プレミアム会員への）入会」という目的変数ですが，データが0か1になっているため，**図3.9**のようになります。

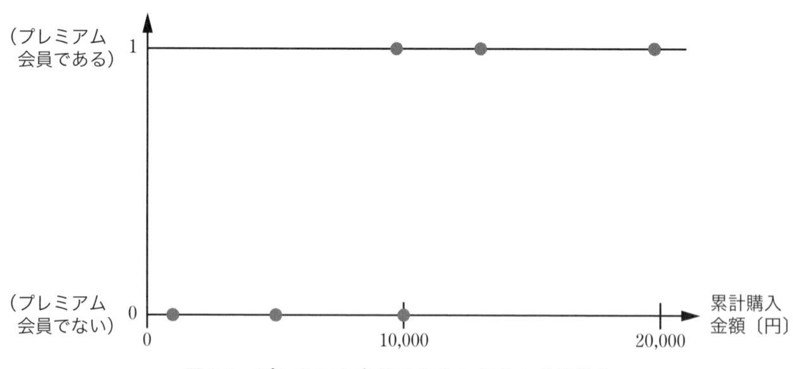

図3.9 プレミアム会員であるかどうかを視覚化

さて，この状態で目的変数が「入会かどうか」，説明変数が「累計購入金額」となる単回帰分析を行うとどうなるでしょうか。

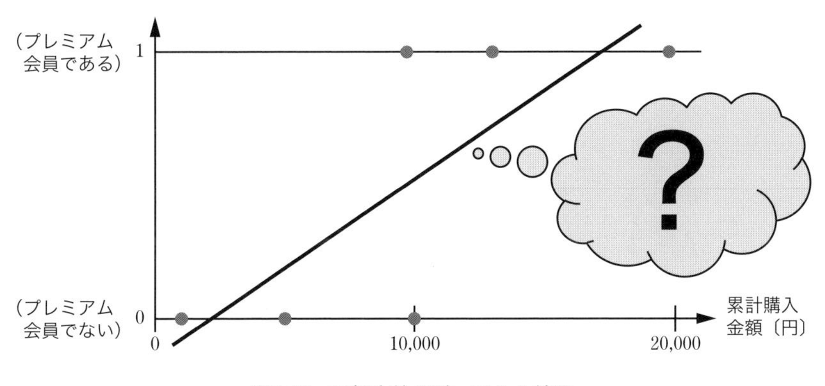

図3.10　回帰直線を引いてみた結果

図3.10のグラフをよく見ると，いくつか不可解な点が出てきます。例えば，次のようなものです。

- 累計購入額が17,000円付近を超えると，入会の値が1を超える
- 累計購入額がおよそ2,000円未満だと，入会の値がマイナスの値である

グラフから読み取れるこれらの事実を現実的にうまく解釈することは，不可能ではないでしょうか？

ここで目的変数について改めて考えてみると，値としては「0」か「1」しかとっていないため，この直線の0と1以外のy軸の値は何を表しているのか，という疑問が生じます。そこで，次のように目的変数の値を考えます。

- 入会者は「1」＝入会率100％　入会していない人は「0」＝入会率0％

このように考えてみると，例えば「プレミアム会員入会に迷っている人は50％」「プレミアム会員に興味がある人は80％」という具合に，確率的に現実を捉えることができそうです。

これを用いて，データからうまく「入会確率」を表現する方法があります。確率は0％～100％の値をとるので，目的変数（yの値）を0～1に収めるように設計されたのが，ロジスティック関数です。数式は**図3.11**のようになります。

$$y=\frac{1}{1+\exp\{-(\underbrace{b+a_1x_1+a_2x_2+\cdots+a_nx_n}_{\text{重回帰分析と同じ形}})\}}$$

$\exp(x)=e^x$（eのx乗，eは約2.7）

$$y=\frac{1}{1+2.7^{-■}}$$

分母は1より大なので，
yは必ず0～1の間の値になる

図3.11 ロジスティック関数

大雑把にこの数式を見ると，自然対数の底e（定数：約2.7）の肩（**図3.11**の■の部分）に重回帰分析と同じ式が入っており，また，目的変数であるyの値がうまく0～1に収まるようになっています。つまり，「目的変数を確率の値として算出できる」ということになります。この式について累計購入額をx軸にとって視覚化すると，**図3.12**のような形状のグラフになります。

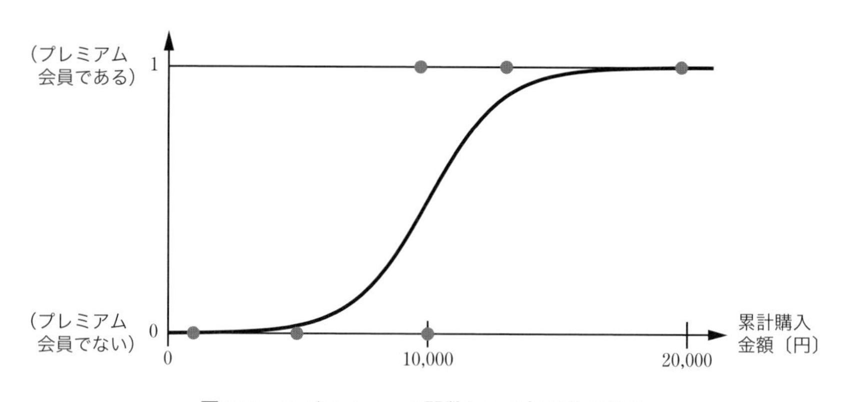

図3.12 ロジスティック関数による視覚化の結果

図3.12のグラフを読み解くと，どうやら10,000円に近づくあたりから入会確率yが一気に上昇し始めるようです。この分析結果から，「累計購入額が10,000円付近の顧客をメインターゲットとする」というアドバイスが良い，となります。

◎ 回帰分析の注意点

以上,「単回帰分析」「重回帰分析」「ロジスティック回帰分析」を紹介してきましたが,データ,特に分析で採択する説明変数について重要な注意点があります。それは,「これら分析手法は各説明変数が互いに独立していることが前提となっており,互いに相関がないことが求められる」ということです。

例えば,アイスクリーム屋のデータが**表3.5**のとおりだったとします。

表3.5 説明変数間に相関のあるアイスクリーム屋のデータ例

日付	利益〔万円〕	最高気温〔℃〕	店内温度〔℃〕
1/1	5	3	22
1/2	3	4	21
1/3	1	5	23
…	…	…	…
7/31	30	30	26
8/1	28	31	26
8/2	35	33	27
…	…	…	…
12/31	5	7	24

最高気温のほかに,店内温度の記録がありました。この店内温度ですが,最高気温が低い日は店内温度も低い日が多く,最高気温が高い日はそれにつられて店内温度も高くなっています。つまり,最高気温と店内温度は正の相関がある,ということです。この場合,最高気温と店内温度のどちらか一方だけを説明変数として用いればよく,むしろ余計な情報を入れ込むことは,分析の精度を落とすことにつながるのです。この余計な情報を入れ込んでいる状況のことを,「多重共線性」もしくは「マルチコ」と呼びます。

今回のデータは極めて単純な例ですが,業務で扱うデータの種類は膨大になることが多いため,多重共線性が発生していることが多々あります。

著者が回帰分析を用いる場合,分析前にいったん計算結果を出し,決定係数で現状の分析結果の妥当性を見ます。この時点でうまくいくことはまずなく,次に全説明変数の相関を調べ,明らかに高い相関の組合せが出てきたときは説明変数を精査しながら,回帰式の当てはまり具合を観察する,といったフローをとることが多いです。

2 データを上手にグループ分けする～クラスター分析～

クラスター分析は，ひと言で表すと「似た者同士でグループ分け」です。その分け方はくじ引きのようなランダムな分け方ではなく，ある性質や特徴に基づいて似た者同士を集めるので，データの深い理解，さらなる考察につながります。

まず，クラスター分析とは何かを解説します。グループをつくることは「グルーピング」といいますが，「クラスター」という言葉は「同種のものや人の集まり，群」を意味するため，このクラスターに分けることを**クラスタリング**といいます。

さて，上で「似た者同士を集める」と述べましたが，どのように似た者同士を探るのか？という疑問が湧きます。その答えはクラスター分析の根幹である，「距離計算」です。クラスター分析は，さまざまなデータをもつサンプル間の距離を計算し，距離の近さ・遠さで「似ている・似ていない」を決定し，そこで判定された複数の「似た者同士のグループたち」の距離感も考慮して，程良いグループをつくる＝クラスタリングを行っているのです。

そもそもどのように距離を測っているのか，についてですが，距離の算出方法は複数の方法があり，代表的なものだと次のものがあります。

- サンプル間の距離測定…ユークリッド距離，マハラノビス距離，マンハッタン距離
- クラスター間の距離測定…K平均法，ウォード法，最短距離法，最長距離法

距離測定の内容は計算の中身の話なので，詳細は省略します。クラスター分析は大きく2種類があり，「階層クラスター分析」と「非階層クラスター分析」に分かれます。いずれも距離計算を行ってグルーピングを行うことに変わりありませんが，それぞれには次の特徴があります。

● 階層クラスター分析

階層クラスター分析は，**図3.13**のようにデンドログラム（樹形図）を用います。全サンプル同士の距離の近さが視覚化され，「いくつかのグループ（クラスター）に分けた場合，どのサンプルがどのグループに属するか確認しやすい」「あるサンプルと最も似ている，計算された距離が近いかがわかりやすい」というメリットがあります。しかし，全サンプルが表示される形で視覚化されるため，大量のサンプルを階層クラスター分析で視覚化することは困難です。ある特定の商品や従業員をターゲットとしたとき，「そのターゲットに近いのはどれか？　次に近

いのは？」といったスポット的な調査では視覚的にも表現できるので，手っ取り早さという点では有効です。

また，出力結果を上から見ていくと「もし2グループに分けたとしたら，3グループなら…」という視点でグループ分けの様相が追える，という利点があります。これは，「おおよそ何グループで分けることができそうか」を見積もることができる，ともいえます。

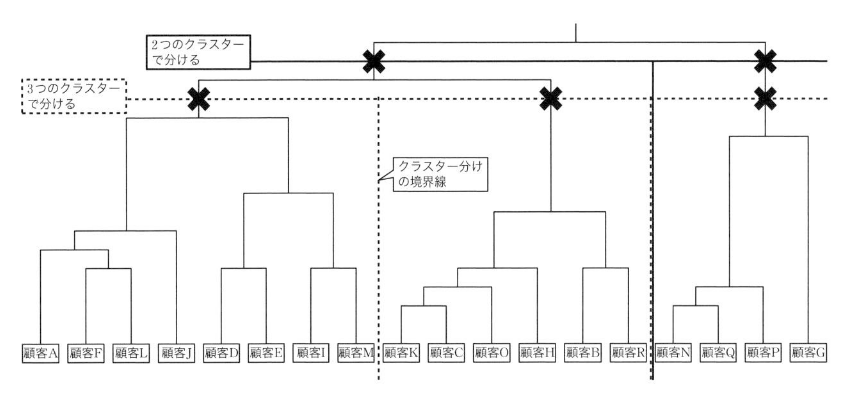

図3.13　階層クラスター分析の例と読み取り方

非階層クラスター分析

非階層クラスター分析は，主に機械学習アルゴリズムである「K平均法（K-means法）」を用いてクラスタリングを行います。初めにクラスター数を設定する必要があるため，ある程度クラスター数に見当を付けておく必要があります†。

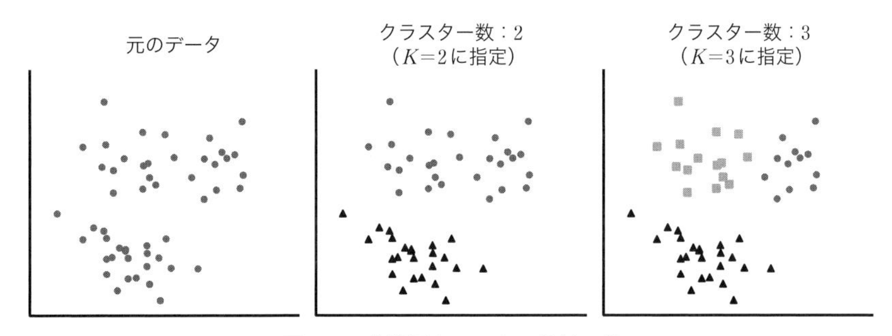

図3.14　非階層クラスター分析の例

† K平均法において計算上妥当なクラスター数を調べる方法に「エルボー法」などがあります。

どのようにグループ分けを行うか，についてのアルゴリズムの詳細は本書では詳しく解説しませんが，イメージとしては「重心の移動」と「再グループ化」を繰り返し，重心が移動しなくなった時点で再グループ化も止まるので，最終的に指定したクラスター数で最適なグルーピングができる，というものです（**図3.14**）。AIによるグルーピング，クラスター分析は一般的にこの手法をベースとしており，グループ分けしたいデータ数が大量であっても処理が可能です。

非階層クラスター分析結果の主な使い方としては，それぞれのクラスター（グループ）ごとに集計値や基本統計量を見ながら，どのような特徴（ここでいう特徴は最大値や最小値，分散などを見て○○が多い，○○の差が激しい，というレベル）があるのかを見つつ，「今回のデータはどのような特徴の集団で構成されているか」の仮説を立てる，といった探索的なシーンで利用します。

探索的ではない他の使い方として，例えば「これは確実に男女差がある」と考えた（仮説を立てた）とき，その仮説を検証する一つの手段になります。つまり，「男女差がある」というのは「2クラスターできれいに分かれる」ということになるため，実際にクラスター数を2に設定し分析を行ってみたとき，各クラスターの性別がきれいに分かれるかを確認してみると，「確実に男女差がある」という仮説は妥当なのかどうか，を検証できるということです。

3 データの特徴をシンプルに探る～主成分分析～

データの可視化が複雑になったら……

データを集計し終わった際，「まずグラフで見てみよう」といった視覚化は重要です。視覚化することにより，意外と差が大きかった，意外と変化が少ない，などデータ（数値）を眺めているだけでは気づかなかった知見を発見できることが多々あります。例として，ある購買データを視覚化してみる場面をとりあげてみます。

表3.6の購買データは，あるレディースファッションショップのECサイトの購買記録です。

表3.6 あるレディースファッションショップECサイトの購買データの例

ID	年代	購買日時	購買アイテム	購買金額（円）
101	20代	7/1 20:00	Tシャツ	2,000
102	40代	7/1 20:30	スカート	3,000
133	30代	7/1 21:00	カーディガン	4,000
101	20代	7/1 22:00	カーディガン	4,000
104	50代	7/2 10:30	スカート	3,000
105	40代	7/1 11:00	パンツ	2,000
106	30代	7/1 11:00	Tシャツ	4,000
107	50代	7/1 11:30	カーディガン	3,000
…	…	…	…	…
101	20代	7/1 20:00	Tシャツ	2,000

グラフを作成する前に，散布図を考えてみます。散布図の作り方は次のとおりです。

散布図の作り方

1. 縦軸に数値データである変数を1つ選ぶ
2. 横軸に数値データである変数を1つ選ぶ
3. それぞれの数値を参照しながら，プロットしていく

今回の例として，縦軸を購買金額，横軸を年代として散布図を作成すると，**図3.15**のようになります。この図を見てみると，「30代の顧客は購買金額が比較的大きそうで，40代は金額が小さそうだ」といったことが読み取れます。

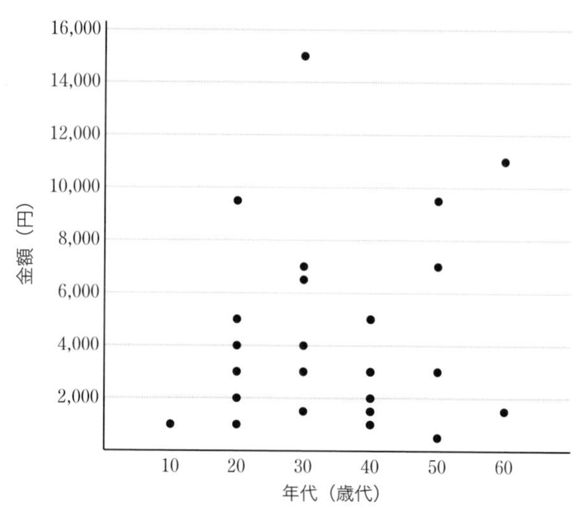

図3.15 年代と購買金額の散布図

しかし，データには年代や購買金額のほかに購買日，時刻，アイテムといった情報が含まれています。そこで，度数を1つ追加するため，軸をもう1つ（奥行き：z 軸）作成してみましょう。追加する軸としては，購買日時のうち「時刻」を採用します。

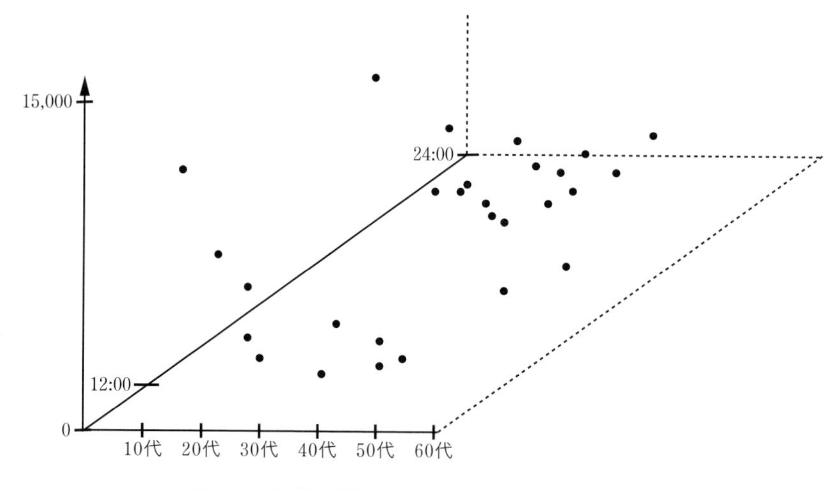

図3.16 年代と購買時刻と購買金額の３次元散布図

軸がもう1つ増えて立体的になると同時に，紙面上ではかなり見づらくなってきました。ある購買記録「30代，15：00に4,000円の購買記録」の1点を見るにしても，かなり想像を働かせないと直感的な理解が難しくなっています。

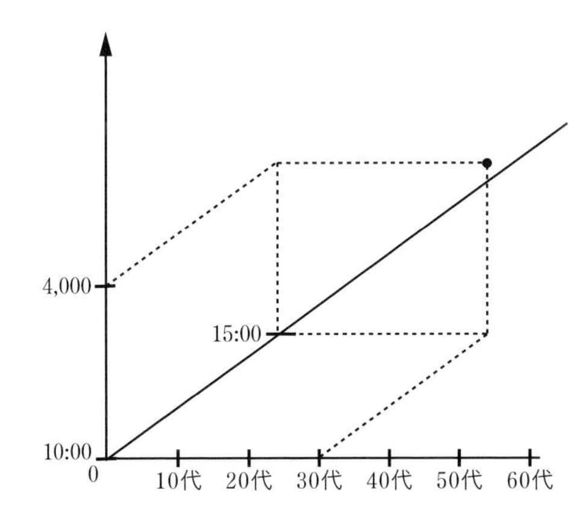

図3.17　3次元散布図のある点の読み取り方

今回はz軸に購買日時のうち時刻（何時に購入したのか）という情報を入れ込みましたが，元のデータを見るとまだまだほかに分析に使えそうな情報が残されています。

しかし，ここで限界がやってきます。**図3.16**や**図3.17**のような立体的な3次元のグラフからは「さらに軸を増やして」というアプローチがとれなくなってしまいます（3.2節1項の重回帰と同様です）。**図3.18**のようにグラフに書き入れる印の大きさや種類を増やす工夫も考えられますが，データの種類が多ければ多いほど複雑な視覚化になってしまいます。またy軸に購買金額を固定しつつx軸，z軸の情報を入れ替えて複数グラフを作成したとしても，それら全グラフを見ながら何かを考察する，というのは至難の業です。変数が多くなると視覚化の限界がすぐにやってくる，ということがここでも確認できます。

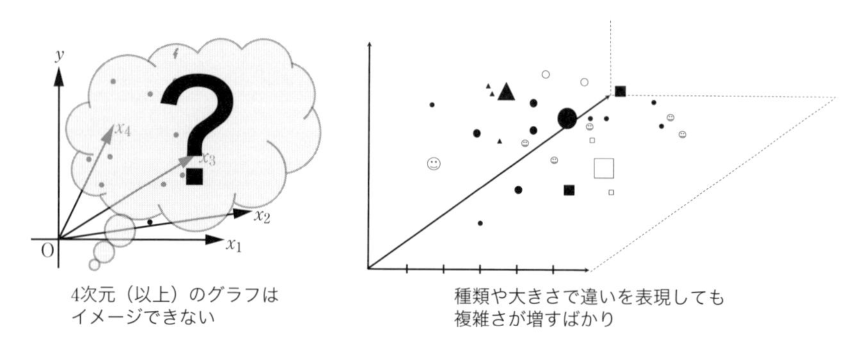

図3.18　軸を増やすと読み取りづらくなる例

主成分分析

前置きが長くなりましたが，**主成分分析**はこの「軸を増やしながら解析する」というプロセスの逆を行うイメージです。つまり，「解析によって軸を減らす」という操作を行います。

本項冒頭では視覚化のため散布図を作成しましたが，主成分分析は次のようなフローになります。

主成分分析のフロー

1. どの変数をどれくらい利用すれば，サンプルが大きくばらつくかを計算する
2. どの変数にどれくらいの重み付けを行ったか，をサンプルのばらつきが大きくなった順に「第1主成分，第2主成分，第3主成分…」とする
3. 新たに作成された主成分が，それぞれどのような変数で作られたものなのかを読み取る

つまり，主成分分析で行っているのは「複数用意した説明変数のうち，サンプル群をなるべくシンプルに説明するにはどの説明変数・項目を使うと効率的か，を探る」ということです。

今回の例で主成分分析を行うと，**表3.7**のような結果が返ってきました。

表3.7 主成分分析結果

	PC1	PC2	PC3	PC4	PC5
年代	7.5	0.1	−6.8	0.01	−0.02
日付	−0.01	0.02	0.05	0.02	−0.08
時刻	6.8	−0.2	2.2	−0.05	0.01
アイテム_Tシャツ	0.1	10.2	−0.2	0.11	−0.01
アイテム_スカート	0.08	−1.2	−0.05	1.5	−0.03
アイテム_パンツ	0.2	−0.8	−0.1	−1.2	0.02
アイテム_カーディガン	−0.1	8.9	1.0	−0.03	0.01
金額	0.2	9.2	−5.6	0.05	−0.08

	PC1	PC2	PC3	PC4	PC5
累積寄与率	0.40	0.85	0.92	0.97	1.00

表3.7の上側の表にはさまざまな数値が入っていますが，これを主成分スコア[††]と呼びます。この主成分スコアは，データの分散（ばらつき）が大きくなるようにデータの軸を新たにとり直した，新しい軸の座標の数値のことです。PC1（第1主成分）から右にいくにつれて，分散が小さくなっていることがわかると思います。**表3.7**の数値の算出方法の詳細は本題でないため割愛しますが，おおまかに「できるだけデータに差がつくような新しい軸をとったときの座標の値」と思えばよいでしょう。なお，**表3.7**の下側の表にある累積寄与率については，後で説明します。

主成分分析結果である**表3.7**のPC1（第1主成分）を見ると，他の項目と比べ相対的に数値が大きなものが「年代」，「時刻」になっています。PC2（第2主成分）についても同様に見ると「Tシャツ」，「カーディガン」，「金額」です。PC3（第3主成分）を見ると，最も大きな数字は「時刻」ですが，絶対値で見ると「年代」，「金額」となっています（PC4とPC5の説明は割愛）。

つまり，「その主成分で重要となった元の項目」は次のとおりとなります。

- PC1：年代，時刻
- PC2：Tシャツ，カーディガン，金額
- PC3：年代，金額

表3.7の読み取り方としては，上から「PC1は年代と時刻でできている」「PC2

†† 実務では，単位が異なるデータを複数扱うことが多いため，標準化されたデータ（標準化については4.3節2項参照）で主成分スコアを求める場合が多いです。

はTシャツとカーディガンと金額でできている」「PC3は年代と金額でできている」という意味になり，それぞれの主成分には名前がありません。そのため，特にビジネス分野で分析結果を考察する際は，各主成分に名前を付けておく作業が必要となります。これについては後ほど触れます。

ここでPC3に着目すると，項目として採用する根拠として「数値が大きいもの」としながらマイナスの値が大きな項目をピックアップしましたが，これが妥当なのかどうかについて考えてみます。

そもそも主成分分析は「どの変数をどれくらい利用すれば，サンプルが大きくばらつくかを計算する」という処理なので，「分析結果から，メリハリが大きくなるような項目に着目すればよい」ということになります。つまり，実際にマイナスの値が大きかったPC3を含めそれぞれの主成分を厳密に説明すると，つぎのようになります。

- PC1：(＋)「年代が若いか，時刻が遅いか」←→（－）「年代が若くないか，時刻が早いか」
- PC2：(＋)「Tシャツを買っているか，カーディガンを買っているか，金額が高いか」←→ (－)「Tシャツを買っていないか，カーデを買っていないか，金額が安いか」
- PC3：(＋)「年代が若いか，金額が高いか」←→（－）「年代が若くないか，金額が安いか」

ただし，興味があるのはあくまで「新たな軸となるのは何か」なので，これらをまとめて次のようにします（グラフを作成する際，金額が大きいか少ないか，でなく単に「金額」という軸を考える，という操作と同じ)。

- PC1：年代，時刻→生活スタイル
- PC2：Tシャツ，カーディガン，金額→高価格帯のトップス欲しさ
- PC3：年代，金額→良コスパ狙い世代

以上より，主成分分析結果の読取りを行う際は，「出力結果から絶対値が大きなものをピックアップして，良い呼び方を考える」というのが実際の流れになります。

累積寄与率

さて，**表3.7**の主成分分析結果の下にもう一つ表が出てきていますが，これは

累積寄与率というもので，「第○主成分まで使用すると，データ全体の何％を表現できている」ということを表しています。今回の場合だと第2主成分（PC2）の時点で全体の85％を表現できていることになります。

すると，これは「第1主成分と第2主成分を利用すれば，およそ全体を説明できる」ということになり，3つの項目で表現するのが限界だった視覚化に比べて，より情報を圧縮した軸を使ってデータを視覚化することが叶います。視覚化すると**図3.19**のようになり，どのような特徴の顧客が多いのか，また特定の顧客についてどのような傾向が強いのかを個別に調べることもできます。

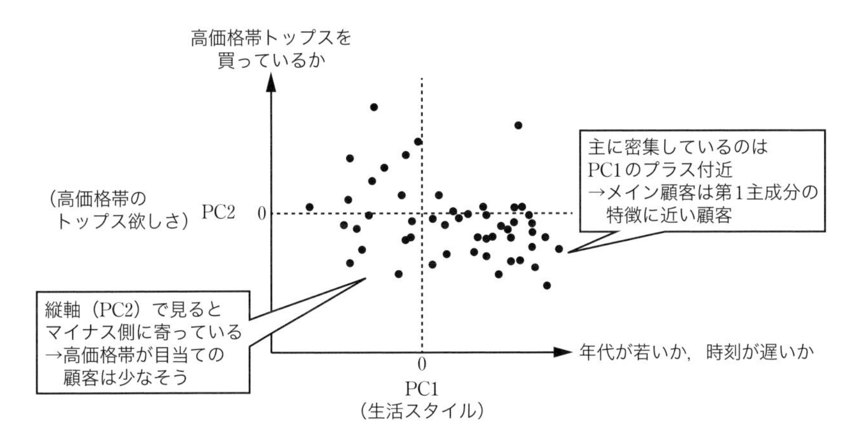

図3.19　主成分プロットの例

今回の購買データの例における主成分分析結果を見ると，

- このレディースファッションショップのECサイトは，顧客層を「生活スタイル」「高価格帯のトップス欲しさ」のそれぞれにどれくらいの差異があるか，で分別すれば，全体の8～9割を説明できる

ということになり，さらに分析結果を施策に活用するならば，次のような仮説まで拡張することができるでしょう。

- 顧客の購買パターンは，「年代」や「注文日時」，「トップスの購買履歴」でグルーピングし，それぞれのグループにどのようなキャンペーン施策が有効そうかを考えるのが，利用客の多くに効率的にアプローチできる可能性が高い

主成分分析による次元削減

レディースファッションショップのECサイトの購買データ例は以上となりますが，主成分分析の効果自体に極めて重要な捉え方があります。それは，3次元のグラフのところで見たように，

- 本来は，説明変数が複数あるデータ＝多次元のデータだったが，情報量を大きく損なうことなく，2次元（第1主成分と第2主成分）＝2つの変数にまで落とし込むことができた

ということです。これは，「実質的に次元数を少なくできた，削減できた」ということでもあるため，主成分分析の効用として「次元削減がなされた」，ということになります。

次元削減はデータを分析するにあたって「説明変数が非常に多い場合，できるだけ情報量を落とさずにデータ自体を圧縮する」という働きになるので，是非ともイメージをつかんでほしい事項です。

4 データに隠れる要因を推測～因子分析～

因子分析とは

よく飲食店などで見かけるアンケートは，「来店頻度，味の満足度，接客満足度，…，ご意見ご感想をご自由に」といったものが多いですが，これは主な目的として「お客様からお店がどのように見られているのか，を客観的に見たい」という狙いがあります。この狙いの根底部分には，「お客様が満足した，満足できなかった理由の背景を知りたい」という，いわば顧客の内面的な部分まで読み取りたい，という狙いが潜んでいることでしょう。

因子分析は心理学分野でも使われる手法で，「データの背景には，そのようなデータを生み出す「何か」が存在する」というアイデアに基づいており，その「何か」が何なのか，をデータから推測する分析手法です。典型的な例だと，「教科（国語，数学，理科，社会，英語）のテスト成績を因子分析し，その背後には「文系能力」「理系能力」という潜在因子が存在していそうだ，という推論を行う」というものです。これを行うことで，「数学の成績は理系能力が非常に強く影響しており，文系能力も少々影響している」といった形で説明ができるようになります。つまり，因子分析は各項目（ここでは教科の成績）の背景に存在しているものを推測しようとする手法です。

この「背景にあるもの」のことを**潜在因子**，または**共通因子**と呼びます。また，因子分析はそれぞれの項目に固有の因子も存在している可能性（英語なら英語だけに，数学なら数学だけに影響を与えている因子）も考慮しており，それを独自因子と呼びますが，これは誤差と表現する場合もあります。

まとめると，因子分析は「各項目には共通因子が影響しており，それが結果としてデータに現れてくる」と考え，データからこれを遡るように分析し，その共通因子を探ろう，というものです。別の例として，焼き鳥屋のメニューに関するデータを因子分析した場合の全体像は**図3.20**のようになります。

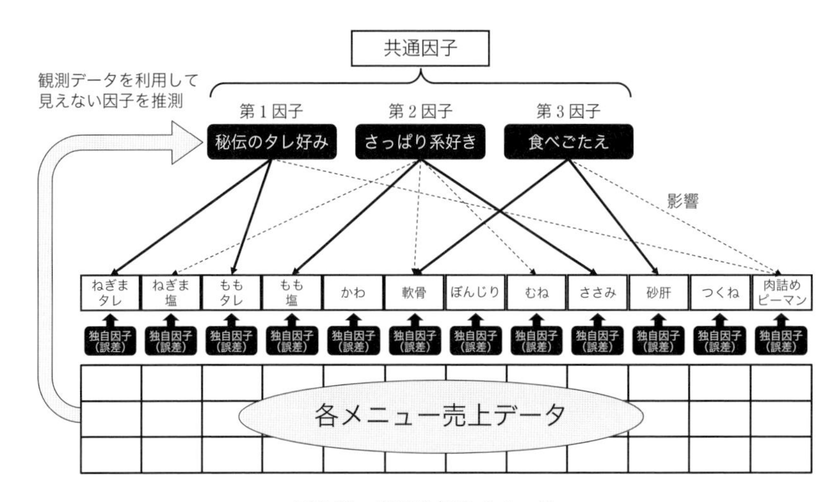

図3.20　因子分析のイメージ

因子分析によってビジネスデータを分析する場合は，アンケートのほかに購買履歴データを用いるのが有効です。因子分析は「各項目のデータに影響を及ぼしている「観察できない潜在因子（共通因子)」が発見できるか」という視点で分析を行うため，各商品の背後にあるもの，つまり見えない共通因子を探索します。しかも，その共通因子は顧客が既に購入した商品データであぶり出した情報なので，共通因子は「顧客が自社で購入する理由」と見なすことができます。顧客が自社で購入する理由は顧客が自社を選んだ理由とも一致するはずなので，結果的に「自社を顧客が選択する理由＝顧客が自社をどのように見ているのか＝自社の強みの一つ」と考えることができます。

共通因子をビジネス利用で解釈するアイデア例

【飲食店の場合】

・共通因子に「辛さ」がある→顧客が辛い料理を食べたいときに，店選びの候補に入っている可能性が高い
　→（新メニューの案）辛さを全面に出した新メニュー

【ファッションショップの場合】

・共通因子が「価格」「かわいさ」→顧客に「かわいい服のコストパフォーマンスが良い店」と思われている可能性が高い
　→（次回セールの施策案）マネキンに着せる服のコンセプトの再考，セール時値引き幅の見直し

因子分析で考慮すべきこと

実際に購買履歴のようなデータに対してプログラムを駆使して因子分析を行う際に，考慮すべき点がいくつかあります。

まずは，「共通因子の数を見積もっておく」ということです。これは機械的に調べる方法（プログラムにより因子数を自動的に算出するパッケージなど）がありますが，ビジネスデータの場合は経験上，共通因子数は2または3で落ち着くことが多いです[††]。

次に，想定した因子と実際のデータの当てはまり具合を調整するために「軸の回転」という操作を行いますが，これは「因子間に相関がないという仮定で行う直交回転（代表：バリマックス回転）」と「因子間に相関があるという仮定で行う斜交回転（代表：プロマックス回転）」という2つの回転があり，ビジネスの現場では「斜交回転」を用いることが多いです。

回転の選択については一概にどちらの方が良い，ということはいえませんが，購買履歴のようなデータから想定する因子が顧客の購買行動の本質を捉えている，と確実にいえるものではないため，因子同士にも相関があることを想定しつつ，プロマックス回転で進めるのが妥当な進め方になります。

最後に，分析精度の確認の方法としては適合度検定（注釈の内容）のほかに「累積寄与率を見る」という方法があります。ビジネスデータでの因子分析において

†† 想定される因子数を定めたモデルが妥当かどうかは，データの比率と理論上の比率を比べたとき，その差が偶然か否かを調べる「適合度検定」により有意確率：P値（0.05を下回るような小さい値なら不適合，とする場合が多い）を見て機械的に判断できます。

は「寄与率は高いほど良いが，少なくとも5割（0.5）を超えているか」を見て，超えていない場合は現状のデータに質的な問題か，用意したデータ量に問題があると考えられます。

因子分析により有益な結果が出ない場合は回転方法を変えてみたり，そもそも用意したデータ項目間に相関があるのかを調べたりしますが，大体の場合は用意したデータ数，データ項目数が不足しているケースが多い印象です。「実際の記録であるデータに当てはまるような共通因子を探すこと」自体は購買の本質，因果関係に迫る方法としては非常に魅力的ではありますが，求められるデータの質のレベルも高いため，現場利用においては結果的に「抽象的なヒントを探索する」ための因子分析，という位置付けになります。

補 足

因子分析と主成分分析を学ぶと，その特徴を混同してしまう場合があるので，ここで両者の違いについて言及しておきます。両者とも「今あるデータをどのように説明するか」という目的は共通していますが（これが混同する理由だと思います），アプローチ方法が全く異なります。

まず因子分析はあくまで「データの背後に何かがある」と考えるため，新しい因子（結果に対して原因になっているもの）を想定します。これは，全く新しいデータ項目・変数を生み出していることに等しい考え方です（**図3.21**）。それに対して主成分分析は，「複数用意した説明変数のうち，サンプル群をなるべくシンプルに説明するにはどの説明変数・項目を使うと効率的か」を探ることで，「なるべく情報量を失わず，できるだけまとめて，スリムにする」という操作・テクニックです（**図3.22**）。

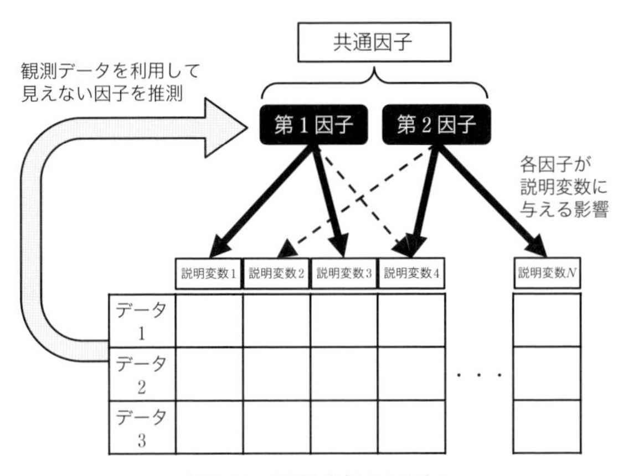

図3.21　因子分析のモデル

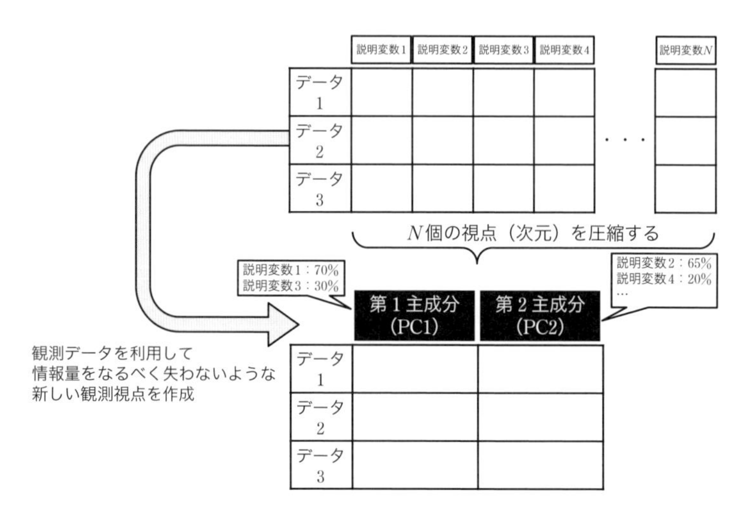

図 3.22 主成分分析のモデル

3.3 ビジネス現場の「予測」で使いやすい分析手法

データ分析を行うモチベーションとして，「過去のデータから未来を高い精度で予測したい」という狙いがあります。ここからは，何かを予測したい場面でよく用いられる手法と，予測と結果の評価方法について解説します。

1 「何が決め手になったのか？」を探る〜決定木分析〜

決定木分析とは

決定木分析は,「あるケースに当てはまるかどうか」を知りたい場面で用います。決定木は，「あるケースに当てはまるかどうか」といった条件で物事の分類を繰り返し，（枝分かれしていくことから）木構造と呼ばれる形で表現したものです。「あるケースに当てはまるかどうか」は，ビジネスでは「購入したかどうか」「問合せがあったかどうか」「再来店したかどうか」など，二者択一になるさまざまな場面に当てはまります。これに対して決定木分析を行うと，「用意したデータのうちこの項目に着目すると，そうなるかどうかを判別しやすくなる」という結果が返ってきます。つまりこれは，「購入するかどうかの確率には，どの項目が強く関係しているのか」を探っていることになります。

決定木分析の仕組みとしては，「各データ項目についてどのような条件でデータを分けると，「対象としているケースに当てはまる・当てはまらない」の該当人数を大きく差を付けて分けることができるか」を計算し，最も大きく差が付く項目から順に並べていきます。文章ではイメージしづらいので，架空の分析例をもとに説明します。

ある特売品を購入したかどうか，について売上データを決定木分析するケースを考えます。用意したデータには，性別，年代，会員登録情報，累計来店回数，…など複数の項目があったとします。今回の目的に沿った新しい項目として「ある特売品を買ったかどうか」をデータに追加します。今回の分析のターゲットは「特売品を買った顧客」ですので，「ある特売品を買ったかどうか」が目的変数，それ以外の項目が説明変数です。

最終的に，決定木分析の出力結果は**図3.23**のような形で表されます。

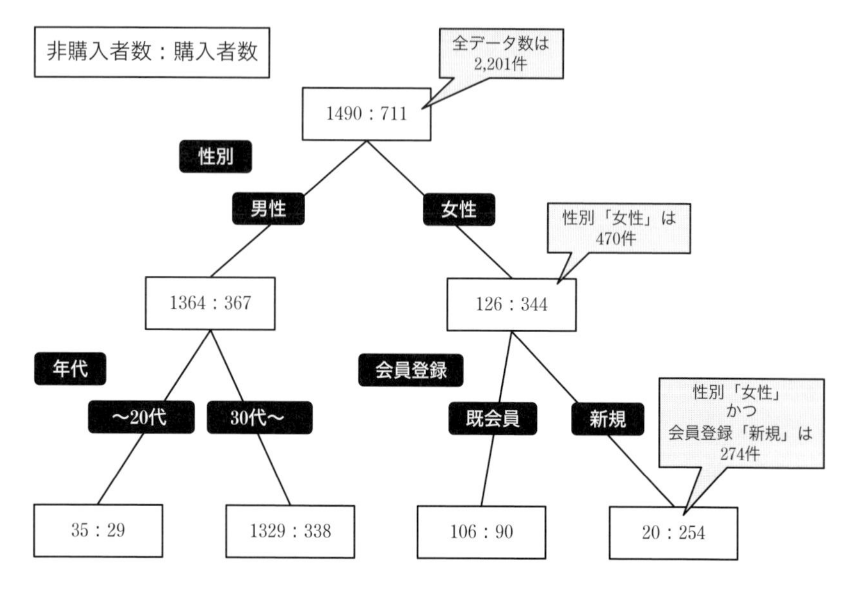

図3.23　決定木分析の出力例

最も注目すべき点は，上から見たときの最初の分岐点（ノード）です。今回はデータ項目のうち「性別」が最初に出現しているため，「特売品を買うかどうかは，性別で判断できそうだ」と読み取れます。さらに数値を見てみると，非購入者数と購入者数について男性が1,364人と367人，女性が126人と344人となっており，性別のうち女性だと購入する可能性が高い，つまり「特売品を買うかどうかは，女性であると買いやすい」という解釈が得られます。

さらに下のノードを見ると，右側：女性は次に「会員登録」が来ているため，ここの数値は「特売品を買うかどうかは，女性かつ既に会員登録している顧客か，いまだ登録していない顧客かで判断できそうだ」という読み取りになり，「女性の新規顧客だと購入される可能性がかなり高そうだ」という解釈ができます。一方，左側：男性を見てみると，下のノードには「年代」が出現しており，「男性の購入の可能性は年代に違いがありそうだ」という読み取りになります。

ここで，1つのテクニックとして先程の分析結果を**図3.24**のように整理することを考えてみます。

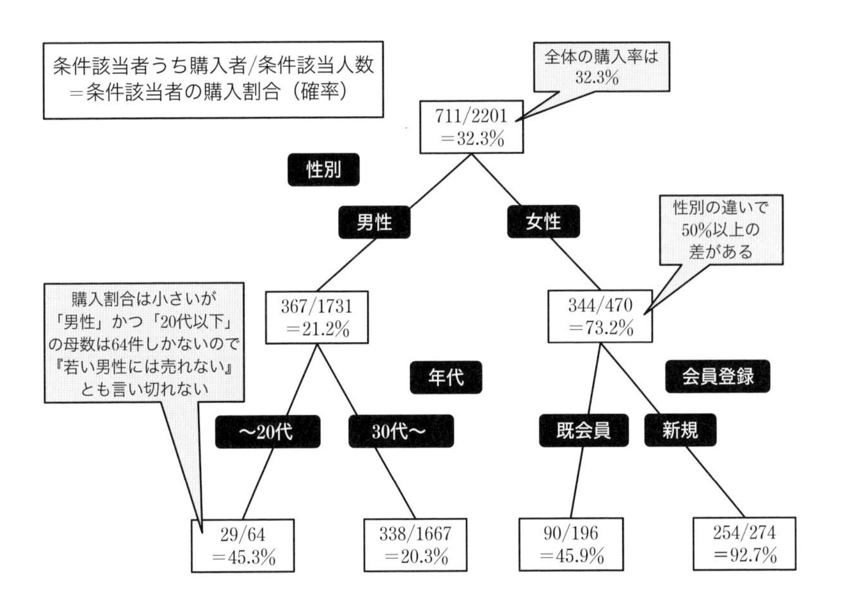

図3.24　図3.23の決定木分析結果を整理した例

図3.23の出力結果は「非購入者数：購入者数」の数値を記載していましたが，今回は「特売品を買うかどうか」に着目しているので，**図3.24**のように各ノードを「特売品の購入者数／条件に当てはまる人数」にします。これは，「その条件に当てはまる顧客のうち何人が特売品を購入したのか」という割合，つまり「条件に当てはまるグループごとの特売品購入確率」を表します。

パーセンテージ（%）で表現すると，例えば最初のノード「性別」で見た場合，男女差がどれくらいあるのか，全体を見ると最も購入確率が高いのはどういった条件に当てはまる顧客なのか，という情報が探しやすくなります。

◎ 決定木分析における注意点

決定木分析で注意すべき点は「ノードは下位になればなるほど条件を鵜呑みにできない」ということです。決定木分析では集団をどんどん小さく切り分けていく操作を行っているため，下位になるほど何度も切り刻まれた集団，つまりいくつもの条件に該当した集団なので該当人数自体が少なくなり，汎用性のある情報からはどんどん離れていってしまうことが理由です。実際に決定木分析を行うと，かなり複雑な木構造になることも多いです。ビジネスにおいてはデータを正確に分類することよりも「どの項目が上位に浮上するのか」を探索する目的で利用するため，途中からの分岐は無視する（剪定する）ことがほとんどで，上から1～2項目，多くて3項目にとどめて考慮するのが得策です。

2 予測精度の高い手法～ランダムフォレスト～

機械学習

ここではまず，機械学習とは何かを説明する前に，機械学習ができることについて簡単な例で説明します。

あるショップで「会員情報にあるデータ（年齢，性別，購入履歴など）から翌月末，どの程度の売上が見込めそうか？売上の見込みが悪そうなら，セールを実施しなければ」という話になったとします。

売上の見込みについて予測を行うには，会員がどの程度来店しそうなのか，購入金額の見込みはどれくらいになるのか，について考えなければなりません。ひとまず直近のデータを見ながら，次のような仮説が出そろったとします。

- 性別が女性なら来店する可能性は高い
  →女性は男性より来店確率が30％高い
- 30代なら，来店する可能性はさらに高い
  →30代女性なら，さらに来店確率＋20％
- 最近，初めて来店した顧客はまたすぐ来店してもらえそう
  →最近初来店した顧客なら，さらに来店確率＋15％

このように計算ルールを設定すれば，会員それぞれの来店可能性を見積もって売上の予測値が計算できそうです。しかし，

- 性別が女性なら来店する可能性は高い
  →男性はどう設定する？
- 30代なら，来店する可能性はさらに高い
  →他の年代は？
- 最近，初めて来店した顧客はまたすぐ来店してもらえそう
  →どこまでが「最近」？
- そもそも，いろいろな組合せや条件によって計算ルールの数字（パーセンテージや見込み顧客単価）も変わるのでは？

といった疑問が湧きますし，調べることもルールの設定も時間と手間がかかりそ

う，さらに日々更新される顧客データに対し毎回このような調査を行うわけにはいきません。

機械学習は「データから特徴やパターン，ルールを自動的に探索するアルゴリズム」のことであり，まさにこのような状況で利用しない手はありません（人が頭の中で行う「学習」を機械（コンピュータ）が行うことから「機械学習」といいます）。先程の例だと，機械学習を用いることでデータから各顧客の購入確率やどの程度購入しそうかを算出したり，データの特徴からどの項目（データの要素）に着目するとよいかについて一定の目星を付けたりすることができそうです。

機械学習は大まかに「教師あり学習」「教師なし学習」「強化学習」の3種類に分けられます。それぞれの概要は次のとおりです。

- 教師あり学習：訓練データとテストデータを与え，訓練データを用いて特徴を学習させ，テストデータで正解かどうかの答え合わせを行い，この結果によってパラメータを調整し，精度を上げていきます。教師あり学習では分類問題と回帰問題を扱い，分類問題では「分類された回答が正解しているかどうか」で精度の良し悪しが決まり，回帰問題では「正解の数値に近いかどうか」で精度の良し悪しが決まります。
- 教師なし学習：分類問題のうち正解の定義がないものについて，データからグループ分けを行ったり，データの本質的な構造やパターンを探索したりします（関連する分析手法：主成分分析，クラスター分析）。
- 強化学習：ある目的について，最適な行動や選択をどのようにとるのがよいのか，を探索させます。条件によって報酬と罰則を設定し，最終的に報酬が最も多く得られるような行動を発見させることが目標です。

機械学習アルゴリズムには，ここまでで紹介した次の手法も含まれます。

- ロジスティック回帰分析
- K平均法（非階層クラスター分析のアルゴリズム）
- 主成分分析

また，ほかにも次のようなものがあります。

- サポートベクトルマシン：「どちらのグループに属するか」について，「どのような境界線を引けば入力データを正しく仕分けられるか」を探索する。
- ナイーブベイズ(単純ベイズ分類器)：ベイズ確率を用いてデータを分類する。

ここでは，ビジネス実務において使いやすい機械学習アルゴリズムであるランダムフォレストについて簡単に紹介します。

ランダムフォレスト

ランダムフォレストは機械学習アルゴリズムの一つで，ビジネス分析において使いやすい技法であり，回帰問題・分類問題の両者に対応しています。その仕組みを大雑把に説明すると，次のようになります。

1. ランダムにデータを抽出する
2. 抽出したデータで決定木分析を行う
3. 1.と2.を繰り返し，分析結果を統合する（予測結果のほかにどの説明変数を重視したか多数決をとるイメージ）ことで予測モデルを作成する

機械学習には「**過学習**」という問題があります。「過学習（オーバーフィッティング）」とは，簡単にいえば「練習問題は訓練で100％正解するようになったが，本番の試験で全く点数がとれない」という現象で，訓練における「モデル精度，訓練データ正解率」と未知の問題に対する「予測精度，予測正解率」は別々に見る必要があります。実務においては，単に「モデルの精度」というとどちらを指すのか混同するので注意が必要です。なお，過学習は，複数の決定木分析結果による多数決をとることで緩和されることが知られています。

ランダムフォレストでは各説明変数の「重要度」を出力することができるため，どの項目が予測の重要な要素となっているのか，を確認することができます。

補足

機械学習の話題になると「AI（人工知能）とは？」という話題もよく目にします。AIは，人間の知能をコンピュータ上で再現するもの全般を指します。また，AIと機械学習の関係について簡単に説明すると，「AIを作るための方法として，機械学習がある」といえます。また，AIについて調べると「ディープラーニング（深層学習）」という言葉もよく目にしますが，ディープラーニングは機械学習の一種です。

なお，AIにも種類があり，「強いAI（汎用型AI）」と「弱いAI（特化型AI）」に分類されます。強いAIは，まさに完全に自立して行動するAIのことで，映画に出てきそうな，完全に人間のような行動をとるAIをイメージすればよいでしょう。一方，弱いAIは，著者の立場だと「ある種類のデータ（知りたいことに関する情報）について，そのデータを機械学習により出力しながら学習も続けていれば，弱いAIといえる」という説明を行うことが多いです。このあたりの話

題は「AIの定義とは？」という深遠なテーマにまでつながるので深入りは避けますが，参考にしてください。

3 予測精度の評価方法

混同行列

予測に対し，実際どの程度当たっているのか，という評価方法について解説します。予測と結果については一般的に，**図3.25**のような表にまとめると評価のための解釈がしやすくなります。この表は**混同行列**と呼ばれ，プログラムにより解析と同時に出力して精度を確認する，という作業がよく行われます。ここでは混同行列を用いて，その読み取り方をいくつか解説します。

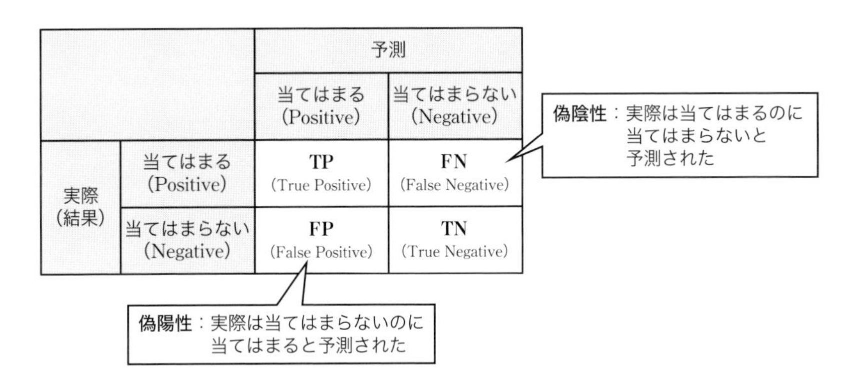

図3.25 精度を評価するための表（混同行列）

今回は縦軸に「実際はどうか」，横軸に「予測はどうだったか」をとりました。混同行列の中にはTP, FN, FP, TNそれぞれに該当する件数が数値で入ります。各セルは2文字のアルファベットで次のような意味を表しています（**図3.25**）。

- TP：予測は「当てはまる」で，結果も「当てはまる」（＝**真陽性**）
- FN：予測は「当てはまらない」だが，結果は「当てはまる」（＝**偽陰性**）
- FP：予測は「当てはまる」だが，結果は「当てはまらない」（＝**偽陽性**）
- TN：予測は「当てはまらない」で，結果も「当てはまらない」（＝**真陰性**）

ここから必要に応じて割合（%）を計算し，評価指標として利用します。

具体例として，あるショップで，新商品を期間限定先行販売する企画で，DM

を100人の会員顧客に送るとともに，新商品を購入するかどうかの予測を行い，**表3.8**のような結果が出たとします。この表を用いて，各種評価指標を紹介します。

表3.8 あるショップの予測結果（混同行列）

		予測	
		購入した	購入しなかった
実際（結果）	購入した	15	10
	購入しなかった	25	50

正解率

当てはまるか当てはまらないか，両方について予測がどれほど当たっているのか，を表したのが**正解率**です。正解率は次の式で計算されます。

$$(\text{正解率})=\frac{\mathrm{TP}+\mathrm{TN}}{\mathrm{TP}+\mathrm{FN}+\mathrm{FP}+\mathrm{TN}}$$

		予測	
		当てはまる（Positive）	当てはまらない（Negative）
実際（結果）	当てはまる（Positive）	TP（True Positive）	FN（False Negative）
	当てはまらない（Negative）	FP（False Positive）	TN（True Negative）

（丸のセルの合計を四角の合計で割ったもの）

図3.26 混同行列と正解率

「正解率」の名が示すとおり，予測が当たった件数を全数で割ったものです。**表3.8**から予測正解率を計算すると，65%になります。

$$(\text{正解率})=\frac{15+50}{15+10+25+50}=0.65=65\%$$

適合率

「「当てはまる」という予測のうち，実際どれだけ当たったか」を見るのが適合率です。予測に期待されることが「間違った予想はできるだけ避けたい」という場合，**適合率**を重視します。

$$(\text{適合率})=\frac{TP}{TP+FP}$$

		予測	
		当てはまる (Positive)	当てはまらない (Negative)
実際 (結果)	当てはまる (Positive)	TP (True Positive)	FN (False Negative)
	当てはまらない (Negative)	FP (False Positive)	TN (True Negative)

（丸のセルの合計を四角の合計で割ったもの）

図3.27　混同行列と適合率

ショップの例だと，今回は「新商品を買ってくれる顧客がどれほどいるのかを当てたい」つまり「購入するという条件に適合するかどうか，を的中させたい」というところが興味の対象であり，「購入しない」という予想が当たるかどうかに興味がありません。今回の予測が「どれくらい買ってくれる人を的中させることができるか」であれば適合率を見ればよく，**表3.8**から，今回は37.5%と，あまり良くない結果だったようです。

$$(\text{適合率})=\frac{15}{15+25}=0.375=37.5\%$$

再現率

再現率は「実際は当てはまるケースをどれだけ予測段階で拾えているか」を示す指標です。

$$(\text{再現率})=\frac{TP}{TP+FN}$$

		予測	
		当てはまる (Positive)	当てはまらない (Negative)
実際 (結果)	当てはまる (Positive)	TP (True Positive)	FN (False Negative)
	当てはまらない (Negative)	FP (False Positive)	TN (True Negative)

（丸のセルの合計を四角の合計で割ったもの）

図3.28　混同行列と再現率

例のショップが新商品の購入者に「会員の名前を添えた手書きの一筆箋」というささやかなプレゼントを手間をかけてでも準備していたとすると，「購入しない」と予測していた顧客が購入した場合，急いで一筆箋を用意する必要があります。このようなケースの場合，「実際の購入者をできるだけ正確に予測できたほうがありがたい」ということになり，再現率が重要になります。**表3.8**から，今回の再現率は60%だったようです。

$$(\text{再現率})=\frac{15}{15+10}=0.6=60\%$$

偽陽性・偽陰性

例えば感染症のような病気について陰性か陽性か，というケースのように「はずれる予測を極力減らさなければならない」という場合もあります。改めて偽陽性と偽陰性を振り返ると，次のとおりです。

- FP：予測は「当てはまる」だが，結果は「当てはまらない」（＝**偽陽性**）
- FN：予測は「当てはまらない」だが，結果は「当てはまる」（＝**偽陰性**）

ひと言でいうと「予測がはずれた部分」，実務的には「ゼロ「0」にしたい部分」です。これらについても割合で表すことができます。

$$(\text{偽陽性率})=\frac{FP}{FP+TN}$$

$$(\text{偽陰性率})=\frac{FN}{TP+FN}$$

		予測	
		当てはまる (Positive)	当てはまらない (Negative)
実際（結果）	当てはまる (Positive)	TP (True Positive)	FN (False Negative)
	当てはまらない (Negative)	FP (False Positive)	TN (True Negative)

（丸のセルの合計を四角の合計で割ったもの）

図3.29 混同行列と偽陽性率

		予測	
		当てはまる (Positive)	当てはまらない (Negative)
実際（結果）	当てはまる (Positive)	TP (True Positive)	FN (False Negative)
	当てはまらない (Negative)	FP (False Positive)	TN (True Negative)

（丸のセルの合計を四角の合計で割ったもの）

図3.30 混同行列と偽陰性率

例のショップでいえば，「次回DMは豪華なものを用意するので，可能性の高い顧客に絞りたい（DMの経費は最小限にしたい）」という思いがある場合，集中すべきは「いかに偽陽性を0に近づけるか」になりますし，先ほどの一筆箋のような「購入する顧客にのみ特典を用意したい」という思いがあるなら「いかに偽陰性を0に近づけるか」に集中すべき，ということになります。

以上，予測精度の指標のうち特にビジネス現場で注目すべき箇所についてピックアップしました。ここでは2クラスの分類問題（購入する・購入しない）を例としましたが，3クラス以上でも基本的な考え方は同じです。

3.4 ライバルに差を付ける「確率論」の視点

「データサイエンス」という言葉が用いられるときには，多くの人は統計学や数学を思い浮かべるでしょうが，特にビジネスの現場でデータ分析を活用するならば，数学の範囲である「確率」の実践的理解が重要です。ここでは，特にビジネスでライバルに差をつけるための「確率の考え方」について解説します。

1 未来を見るために重要な視点～確率分布～

確率が初めて学校の授業で登場するのは，2022年現在の学習指導要領に基づけば，中学1年の数学だそうです。学校で習う確率といえばサイコロの出目に関する問題を思い浮かべる読者が多いと思われますが，実は「○通り」という文言は小学6年生で習います。ある事象（サイコロの1の目が出るということ）が起こる確率は，全通り（サイコロの目は全部で6通り）の組合せから求めることができますが，この考えをもって「再現性のない現実の世界」を見ると，感覚的にズレ，ギャップを感じることがあるのではないでしょうか？

例えば「さっきのお客様が，また明日も来てくれるかどうか」といったケースを考えたとき，この確率はどのように求めればよいのでしょうか？　先程のサイコロの「全部で6通り」という組合せから確率を求める方法を考えるにしても，明日は1回しか来ませんし，一体何を母数にすればよいかもわかりません。「現実のビジネスでは，私たちは「次はどの程度，望みどおりになるのか」に興味がある」ということを踏まえ，確率を求めるにあたり，何を用いて計算すればよいかを考える必要があります。

それでは，データを用いてこの2つの点にどのようにアプローチすればよいのか，例を用いながら述べます。**表3.9**のデータはあるランチ定食販売店の，購入金額集計データです。最も安いメニューが450円のお弁当で，大抵の顧客は飲み物やデザートを一緒に購入します。今回は50円刻みで購入金額と該当人数を整理し，**図3.31**のグラフも作成しました。**表3.9**のように整理した表を度数分布表といい，どのように刻んだか，という部分（列）を**階級**，該当人数を**度数**（該当人数）と呼びます。そして**図3.31**は，横軸に階級，縦軸に度数をとって積み上げたものであり，**ヒストグラム**といいます（3.1節参照）。

表3.9 あるランチ定食販売店の度数分布表

階級	人数
450～499	3
500～549	2
550～599	6
600～649	9
650～699	22
700～749	23
750～799	14
800～849	41
850～899	43
900～949	42
950～999	49
1000～1049	53
1050～1099	48
1100～1149	45
1150～1199	30
1200～1249	22
1250～1299	12
1300～1349	15
1350～1399	13
1400～1449	2
1450～1499	4
1500～1549	0
1550～1599	2
合計	500

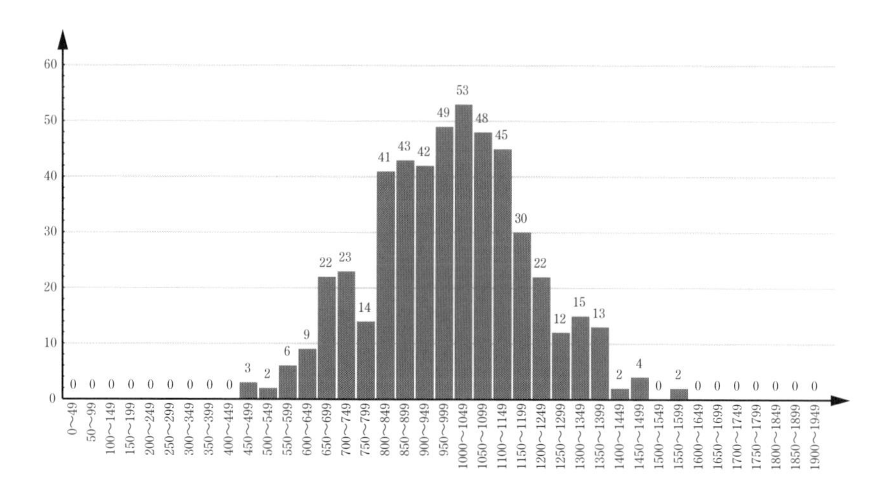

図3.31　度数分布表（**表3.9**）から作成したヒストグラム

図3.31のヒストグラムを見てみると，例えば次のようなことが読み取れます。

- 最も人数が多いのは「1000～1049」，つまり購入金額は1,000円くらいの人が多い
  →平均購入金額は1,000円くらい？
- 1,500円を超える人もいるが，1,600円以上購入する人はいない
  →それなりにばらついている？
- グラフは山なりの形をしている
  →左右対称っぽい？

計算を行ってみると，このデータの平均は「996.5」，バラツキ具合を表す分散は「39955.9」，標準偏差は「199.9」でした。ヒストグラムを予測に活用するにあたり，その読み取りを行う必要があるため，次の課題を考えてみましょう。

- ここに500人の購入者が集まっていて，ある1人の購入者を取り出したとき「その人はどの価格帯（階級）の購入者なのか」？
- さらに，「その取り出した購入者はレアな購入者か，はたまたありふれた購入者か」？

500人の中から「購入金額が1,020円のAさん」を選んだとします。すると，Aさんは「1000～1049」の階級の人で，最も該当人数が多いところから選ばれたよ

うです。そして，この階級に該当する人数は53名なので，$\frac{53}{500}$=10.6%の確率でした。

次に「購入金額が1,580円のBさん」を選んだとします。Bさんは「1550～1599」の階級の人で，この階級には2人しか該当しません。確率を計算すると$\frac{2}{500}$=0.4%となり，かなりレアな購入者のようです。

ここで，もし次の（501人めの）顧客がやってきた場合，この顧客の購入金額はいくらになるでしょうか？　これを的中させることは，残念ながらほぼできません。ただし，どの価格帯になりそうか，その確率を推測することは可能です。最も確率が高いのは「1000～1049」円です。同様に「1550～1599」や「450～499」になる確率は低そうだ，ということもわかります。ただし，あくまで501人めの顧客の予想をしているので，このグラフで該当人数が0人である「1500～1549」になる可能性もありますが，**図3.31**をそのまま読めば，その価格帯になる確率は「0%」となってしまいます。

そこで,「1,200円以上買ってくれる確率はどれくらいかを知りたい」というケースを考えます。これは階級でいうと「1200～1249」から右の部分がそのまま該当するので，「1200～1249」から「1550～1599」までの人数を調べると70名が該当します。よって，1,200円以上の購入者割合は$\frac{70}{500}$=14.0%となり，14%の確率で（=およそ7人に1人は）1,200円以上買ってくれそうだ，とわかります。この計算結果を用いると，501人めの顧客は14%の確率で1,200円以上買ってくれる可能性があるとわかります。

これらは「ランチ定食販売店の度数分布表やヒストグラムから，どの範囲の金額になる確率はどれくらいかを計算している」ということになり，ヒストグラムを，いわば「確率の分布」のように見立てて確率を算出していたことになります。各階級の割合，つまり確率を縦軸にとってヒストグラムを作成すると，これは「確率分布」そのものになります（**図3.32**）。また，この**図3.32**のヒストグラムの面積を全て足し合わせると1になっているため，横軸の値からある範囲を切り取って面積を求めると，その切り取った値をとる確率がわかるようになっています。

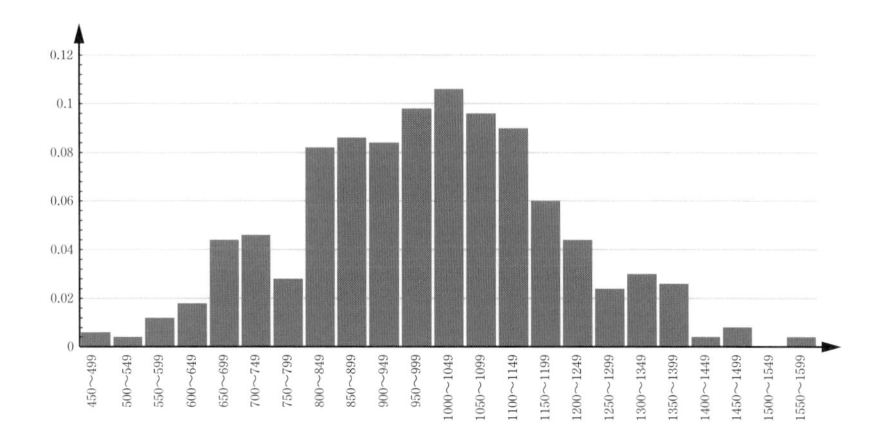

図3.32　あるランチ定食販売店の購入金額の確率分布

ここまでは過去に集めたデータである500件のデータで501人めの予測を確率的に求めようとしてきましたが，もっと便利な方法はないか考えてみます。もしこのランチ定食販売店に「根本的な」ヒストグラム（あらゆる顧客のパターンで作ったヒストグラム）があるとすれば，該当者が「0人」である「1500～1549」の確率や，**図3.32**の確率分布では出てこない「2000以上の確率」も推定できそうです。500というデータ件数は，「本当はもっと大きな件数がある中で，たった500件だけピックアップしたにすぎない」，とも考えられます。そこで，「500名のデータをもっと増やしていくとグラフの形状がどのようになるか」を想像してみます。すると，最も該当人数の多い「1000～1049」付近が大きくなり，左右対称になっていくことが予想されるでしょう。

このような形状，特徴をもつヒストグラム，つまり確率分布は，日常のかなり多くの場面で目にしています。それは「正規分布」と呼ばれる確率分布であり，「このグラフは正規分布の形をしている」といったことを聞いたこともあるかと思います。

重要なのは，「データ数（母数）を増やすと，正規分布の形に近づく」という点です。正規分布そのものは連続型確率分布（**図3.33**のようななめらかな形状の分布）であり，特に平均を0，分散（標準偏差）を1に調整したものを標準正規分布と呼びます。人数をカウントするようなデータをヒストグラムにすると，それは連続型（なめらかな形状）ではなく離散型（**図3.32**のように値が飛び飛びになっている形状の分布）なので，「正規分布に近い」「正規分布と見なせる」

などと表現します。

ビジネス分析での使い方としては，まずデータを視覚化したとき，分布がどのような確率分布の形状に近いのか，を考え「このデータは○○分布と見なすことができそうだ」とし，そこから「○○分布の特徴」を利用し，データを考察する，という方法をとります。

以下では，ビジネスの場面で見ることの多い確率分布を紹介します。今回の解説はあくまで「ビジネスデータを考察するうえで，知っておくとよい情報」に焦点を当て厳選しているため，確率分布自体の数学的解説や理論の詳細は取り上げません。どのような場面で確率分布を考慮するとよいか，という部分を押さえてください。

正規分布

正規分布は，連続型確率分布（確率分布を考える変数が連続量である分布）のうち最も重要なものであり，「ガウス分布」と呼ばれることもあります。連続型確率分布は先程の500人の購買データの例のように，横軸（x軸）の値からある範囲を切り取って面積を求めると，その切り取った値をとる確率がわかるようになっています。このような使い方ができる連続型確率分布を表す関数を**確率密度関数**と呼びます。

正規分布の確率密度関数 $f(x)$ は次のような数式で表されます。

$$f(x)=\frac{1}{\sqrt{2\pi\sigma^2}}e^{-\frac{(x-\mu)^2}{2\sigma^2}}$$

（πは円周率，eは自然対数の底）

この式の表すグラフの形状は「平均μ」と「分散σ^2」（標準偏差σ）の2つのパラメータで決まります。先程のランチ定食販売店の例で見てみると，“平均は「996.5」，バラツキ具合を表す分散は「39955.9」，標準偏差は「199.9」でした”ので，今回のデータから正規分布に近似できる，とするならば，平均値と標準偏差の値をそのまま代入し，確率密度関数を求めることができます。一見複雑な式に見えますが，実際のデータと関係する部分は平均μと分散σ^2の2つだけです。

また，正規分布には次の性質があります。正規分布は平均μが中心に位置しますが，ここからプラスとマイナスに標準偏差1つ分（1σ）離れている範囲に全体の68.3％が含まれ，標準偏差2つ分（2σ）だと95.4％，3つ分（3σ）だと99.7％が含まれます。

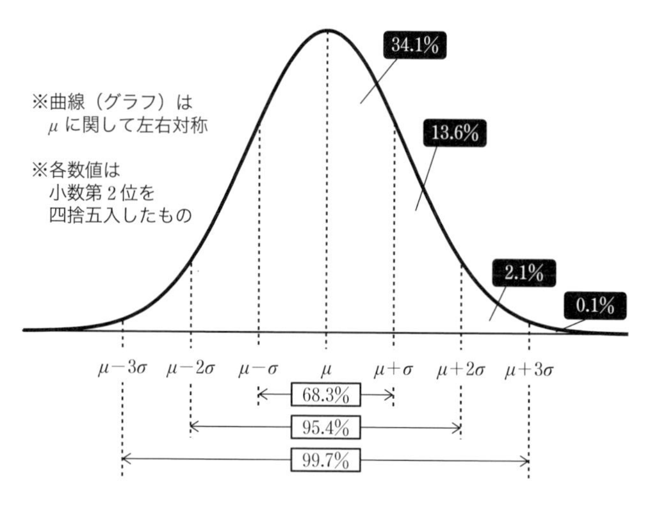

図3.33　正規分布における標準偏差と面積の関係

この性質を利用すると，先程のランチ定食販売店のケースは「平均＝996.5，標準偏差＝199.9」なので，

- 顧客の約95％は　$\mu \pm 2\sigma = 996.5 \pm 2 \times 199.9$　→　597円～1,396円の範囲に収まる
  →2.5％の確率で596円以下，2.5％の確率で1,397円以上（左右対称なので片方は残りの％の半分）

といった読み取り方ができるようになります。これに現実的な解釈を与えると，例えば

- 単価が少ない顧客もいるが，(100−2.5＝)97.5％＝だいたいのお客さんは590円以上買ってくれると思ってよさそうだ

といった評価ができます。

補足

正規分布と関係が深い定理に「中心極限定理」があり，これはサンプルを抽出して平均をとった場合，そのサンプルサイズが大きくなるにつれて正規分布に近づく，というものです。大量のサンプルデータが取得できる場合などはこの定理を利用して母集団全体の平均値を求めることが可能となっています。

ポアソン分布

ポアソン分布は離散型確率分布（確率分布を考える変数が離散量である分布）で，これが見られる場面は「あまり起こらないようなことが何回起こりそうか」という視点でデータを見たときです。引き続きランチ定食販売店の例で考えます。この販売店は「年に数回，大口の注文がやってくる」とします。例えば「○○定食を今度のイベント用に1,000食」といった注文です。頻繁に発生しそうもないことについての確率についてはポアソン分布がよく当てはまるとされており，確率を表す関数 $P(X)$ は次のようになります。

$$P(X=k)=\frac{e^{-\lambda}\lambda^k}{k!} \quad (k=0,\ 1,\ 2,\ \cdots)$$

ただし，この分布の平均はλです。ポアソン分布では「ある期間（単位期間）に平均λ回起こる」という情報が用いられるため，今回の例だと「ある期間」というのは1年単位（この販売店が1月1日～12月31日を1期としている場合，1月1日からの1年間）になりますし，さらに過去数年の記録のうち「何件大口注文があったのか」を調べ，1年あたりの平均大口注文件数：λを先に求めておく必要があります。このλの値さえ決まれば，「1年あたり，大口注文が少なくとも1回は起こる確率を見積もる」といった使い方ができるようになります。

このランチ定食販売店が過去10年分の記録から大口注文件数を調べたところ，23回だったとします。すると，平均λは2.3（23件÷10年）です。ここで，kは「その事象がある期間に発生する回数」を表します。これより，「$k=0$の（1回も大口注文が来ない）確率」もポアソン分布より計算可能になります（ちなみに，これを計算するとおよそ10％になるので，少なくとも年に1回大口注文が入る確率は90％と計算できます）。

横軸に「単位期間に発生する回数k」，縦軸にそのk回になる確率をとってグラフにすると**図3.34**のようになります。どうやら，単位期間（今回だと1年）で大口注文が発生する回数のうち最も可能性が高いのは「2回」のようです。また，「1回」と「3回」では1回だけの方が確率が大きく，「9回以上」はまず起こらないということを読み取ることができます。

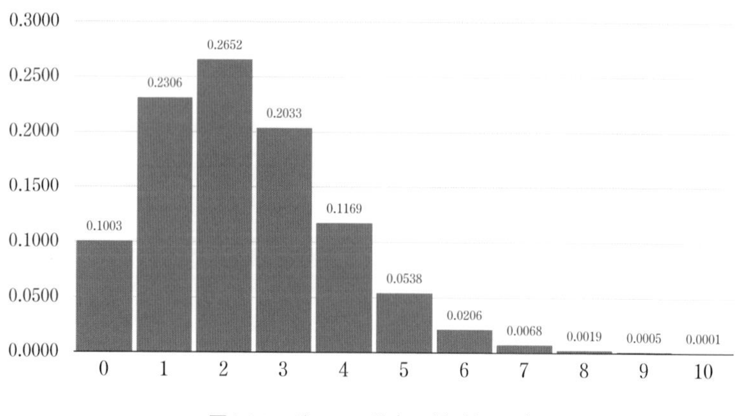

図3.34 ポアソン分布の例（$\lambda=2.3$）

ポアソン分布の特徴としては，最も大きな確率をとるkの値までは確率の高まり方が大きく，それ以降は緩やかに確率が低下するということが挙げられます。

実務への応用方法としては，まず単位期間を設定し，過去のデータから単位期間の平均発生回数を算出，そしてポアソン分布を作成して「○回以上は起こりそうもない，○回程度は起こる可能性が高い」という使い方になります。そのため，「この1時間でクレームが何回発生しそうか」「今月は解約が何件発生しそうか」といったケースで発生回数の起こりやすさを見て備える，といった使い方ができます。ビジネス現場におけるさまざまなケースの中で「頻繁に起こらないが，備えが必要な事象」について，確率的な考察を行うのにポアソン分布は力を発揮します。

なお，このポアソン分布の形状に影響を与えるのは「単位期間に起こる平均回数λ」のみです。この値が大きくなるほど，グラフの最高点が右側へ移動し，グラフの形状は正規分布に近づいていきます。

● 指数分布

指数分布は連続型確率分布で，「ある事象が起こってから，次にまた起こるまでの期間（時間）はどれくらいになりそうか」という視点でデータを見たい場合に登場します。引き続きランチ定食販売店の例を用いると，例えば「大口注文は短い間隔で舞い込むと稼働負担が大きい。どれくらいの間隔をおいて次の大口注文が舞い込んできそうか」といったことを調べたい場合です。今回の場合，どこかの業者が発注したことで，別のある業者がその情報をもとに発注を行う，といった関係はないものとします。つまり，ランチ定食販売店からすれば「過去の大口受注にかかわらず，大口受注確率は一定である」と仮定します[†]。

このような状況下において，「どれくらいの時間間隔を想定しておけばよいのか」について確率的なアプローチを行う際に用いるのが指数分布で，その確率密度関数 $f(x)$ は次のように表されます。

$$f(x)=\begin{cases}\lambda e^{-\lambda x} & (x \geq 0) \\ 0 & (x < 0)\end{cases}$$

この式中にあるλは正の定数で，ポアソン分布の「単位期間に起こる平均回数λ」と同じです。指数分布をグラフにすると**図3.35**のようになります。

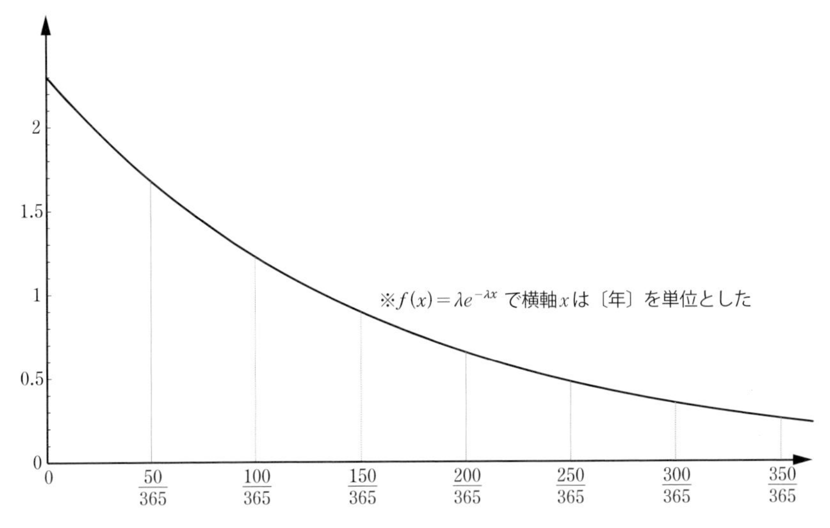

図3.35 指数分布の例（$\lambda=2.3$）

直感的な解釈を行うと，ある事象（イベント）の発生から発生までどれくらいの時間がかかりそうか，を考えたとき，時間が長くなればなるほどイベントが発生しない確率は小さいので，グラフは単調減少になっていることが感覚と一致しています。そして，いくら時間が経ったとしても「いつかは次のイベントが発生する」としているため，確率は0に近づくが0にはならない，という点もグラフ形状に表れています。

† この条件を「無記憶性をもつ」といいます。

今回は「次にどれくらいの間隔で大口注文が舞い込んできそうか」つまり「ある大口注文が来た時点をスタートとして，次に大口注文が来るまでの時間はどれくらいになるか」に興味があるため，「15日後から30日後になる確率は…」「300日後から310日後になる確率は…」とは考えず「計算したい範囲は，大口注文が来た後すぐ（＝時間経過が0の地点），から次の大口注文発生まで」なので，知りたい部分の面積は常に「横軸が0から」になります。これを式で表現すると，次に大口注文が来るのは今からt〔日〕$=\frac{t}{365}$〔年〕後として，横軸＝0からの面積を求めるために確率密度関数を積分することで，

$$\int_0^{t/365} f(x)dx = \int_0^{t/365} \lambda e^{-\lambda x}dx = 1 - e^{-\lambda t/365}$$

となり，これは結局のところ「期間がt以下となる確率」となります。

これにtを0から順に入れて計算しグラフで表現すると，**図3.36**のようになります。このように求めたグラフを**累積分布**といいます。

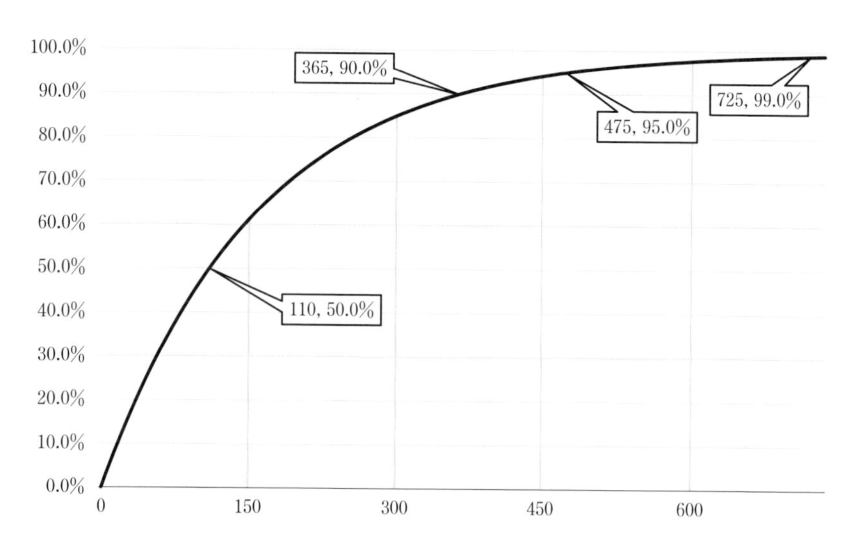

図3.36 指数分布の累積分布関数（$\lambda=2.3$，横軸はt）

図3.36を見ると，次回大口注文は

- 110日以内に来る確率は50%
- 365日（1年）以内に来る確率は90%

という確率でやってくる，と見積もることができます。また，

- ほぼ起こると考えてよい発生確率99％が725日後（およそ2年後）なので，これだけ経過しても依頼が来ない場合は何か問題が起こっていたり，知らないところで情勢が変わっていたりするかもしれない

という見方もできるので，このような観点で結果を利用することも一つの方法です††。

補足

「指数分布とポアソン分布，両者が似ているな」と感じた読者の方もいるかと思います。それは，ポアソン分布が「ある期間に注目して，イベントが何回起こるのかに興味がある」のに対し，指数分布は「次にイベントが起こるまでの期間に興味がある」となっており，ある期間＝単位期間に平均λ回起こるイベントについて，「回数に関する分布がポアソン分布」，「期間に関する分布が指数分布」という関係になっているからです。つまり，同じ事象について何に着目しているかの違いなので，両者は似ているといえます。

2 カンと経験をビジネスに使う～ベイズ確率～

中学校や高校の数学で学ぶ確率の問題で「同様に確からしいものとする」という文言をよく目にしますが，この世にそのようなものがあるのか？と疑問を抱いたことはないでしょうか。サイコロの目は6の目が微妙に出やすいかもしれないし，コインは実は表が出やすいかもしれない。「現実の世界で本当の確率を知ることは不可能なのか？」と思うところです。この問題に対するアプローチの一つが，**ベイズ統計**です。

ベイズ統計は「ベイズ確率」がベースになっています。ベイズ確率は「主観確率」の考えに基づき，高校までで習う「確率」の解釈とは全く異なります。一般的な確率は「やや歪んだコインをたくさん投げる（無限回の試行をする）と表が出る確率が$\frac{3}{5}$に収束するので，このコインの表が出る確率は$\frac{3}{5}$」のような頻度主義の解釈に基づいていますが，これはあくまで理論のうえで完結している話であり，冷静に考えてみると「たくさん投げる（…何千，何万回？）」「無限回の試

†† 実務上は「95％の475日後（およそ1年4か月後）」を見ることをお勧めします。この「95％」は，正規分布の「$\pm 2\sigma$」に相当します。

行（…終わりがない？）」という部分が現実的ではありません。頻度主義では「歪んだコインの表が出る本来の確率に興味がある場合，多数の試行によってこれを調べよう」と考えますが，ベイズ確率はこの「本来の確率」を新たな情報によってどんどん修正しながら探る，と考えます。この考えに基づけば「確率」は「信頼度」というニュアンスが強く，ベイズ主義（ベイジアン）の立場ではこれを「主観確率」と呼びます。

ベイズ主義の確率は「新たな情報により本来の確率を修正しながら探る（＝更新する）」という作業を行いますが，このうち「新たな情報を知る前の，本来の（根本的な）確率」を「事前確率」，「情報を知った後に更新した，本来の（根本的な）確率」を「事後確率」と呼びます。事後確率は次の式で表され，これが「ベイズの定理」と称されるものです。

$$P(A \mid B) = \frac{P(B \mid A) \cdot P(A)}{P(B)}$$

この数式の詳細についてさまざまな解釈，解説がありますが，おおまかに式の中身を解説すると次のようになります。

まず，$P(A)$が事前確率です。これに新たな情報が入ってくることで，左辺の$P(A|B)$である事後確率に更新される，という形になっています。

$P(B|A)$は「$P(A)$と思っていたところに$P(B)$というデータ（確率）が見えた」という意味で，「尤度」または「尤度関数」と呼ばれます。なお，尤度とは，本来の確率はこれだ，という推測の尤(もっと)もらしさを表す数値のことです。

また，右辺の分母にある$P(B)$を「周辺尤度」もしくは「周辺確率」と呼びます。この$P(B)$が分母にあることで，数値的に計算結果が確率の値になる（0～1に収まる）という操作（正規化）を行っていることになります。

事前確率と事後確率についてどのようなものか，どのように現実に使えそうかの解説を優先したいためベイズの定理そのものの解説は簡素にしました。頻度主義の確率とかなり毛色が違うためすぐに理解しづらいところもありますが，以下の例を通してベイズ確率の利用法についてイメージを固めていきましょう。

ここにX，Y，Zという3つの箱があり，この中のどれかに景品が入っている当たりの箱があるとします。ビジネスに当てはめるならば，「3つの箱＝X，Y，Zの3案」「当たり＝結果的に最も成果が出る」に相当する，としましょう（**図 3.37**）。

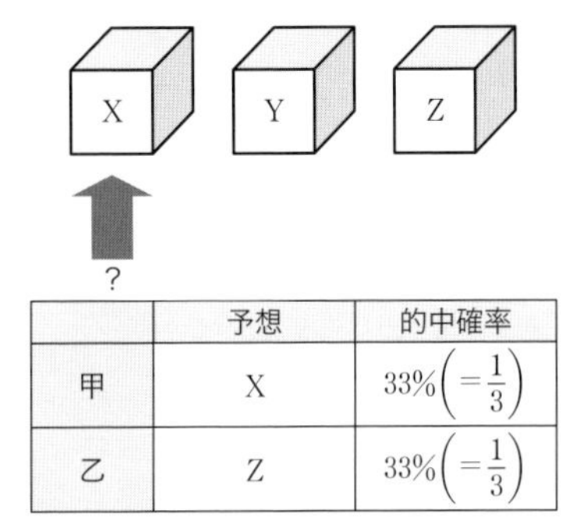

	予想	的中確率
甲	X	$33\%\left(=\frac{1}{3}\right)$
乙	Z	$33\%\left(=\frac{1}{3}\right)$

図3.37　3つの箱から当たりを選ぶゲーム

あなたは社長で，ここに甲専務と乙部長の2人がこの3つの箱について，どれが当たりなのかを議論しています。甲専務は「Xだろう」と，乙部長は「いやZですよ」と，それぞれ予想しています。この時点で，あなたはどれが当たりそうか，全く見当がつきません。X，Y，Zについて，何も情報がないからです。そこで，彼らが当たりを引く確率，つまり的中確率はいったん$\frac{1}{3}$（33%）とすることにしました。この「どんな確率になりそうかわからないので，とりあえず設定した確率分布」のことを無情報事前分布と呼びます。これは，「どんな値をとっても同じ確率である一様分布（**図3.38**）になっている」といえます。

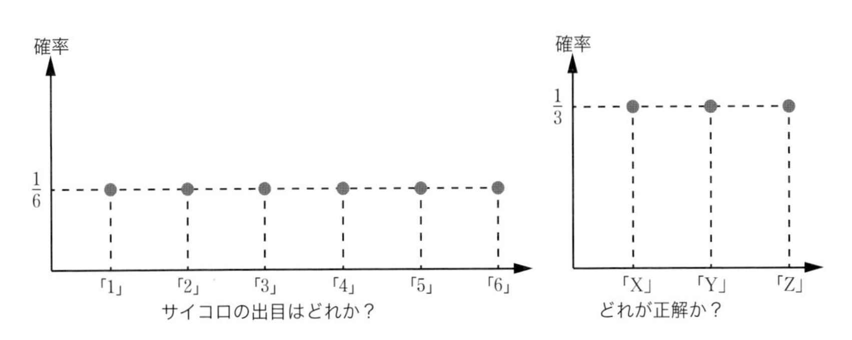

図3.38　一様分布とは

今のところ，社長であるあなたからすれば，甲専務・乙部長どちらかの意見を採択しても，いずれでもないYを選んでも，結局のところ的中確率は$\frac{1}{3}$（33%）に変わりありません。

議論の最中，あなたの秘書が「過去のデータです」と資料を手渡してきました。そこには，**表3.10**のような情報が書いてありました。

表3.10　甲専務と乙部長の過去の成績

	過去の挑戦回数	うち成功数	過去の成績
甲専務	4	3	75%
乙部長	10	5	50%

	過去の成績	今回の予想
甲	$75\%\left(=\frac{3}{4}\right)$	X
乙	$50\%\left(=\frac{5}{10}\right)$	Z

当たっている確率は？

図3.39　新しい情報（過去の成績）が入ってきたとき

社長であるあなたは新しい情報を手に入れ，**図3.39**のように「どれが当たりなのか」の予想に利用しようとするはずです。整理すると，甲専務は過去4回に3回は予想を的中させており，そのうえで「今回はXを選択」，乙部長は過去10回に5回予想を的中させており，そのうえで「今回はZを選択」ということです。

ここで，ベイズの定理をこの状況に当てはめると次のようになります。

$$P(A\mid B)=\frac{P(B\mid A)\cdot P(A)}{P(B)}=\frac{P(B\mid A)}{P(B)}\cdot P(A)$$

↑ 事前確率（$P(A)$）

- $P(A)$：「もともとの確率は$P(A)$と思っていた」
- $P(B|A)$：新たに判明した事実「$P(B|A)$らしいという情報を得た」
- $P(A|B)$：「本来の確率は$P(A|B)$と思えてきた」（＝更新された事後確率）

これに各数値を代入し，甲専務，乙部長それぞれの予想的中確率，つまり本来のX，Y，Zそれぞれが当たりである確率＝新たな情報を得た後の事後確率を求めてみましょう。

$$P(A\mid B)=\frac{P(B\mid A)\cdot P(A)}{P(B)}=\boxed{P(B\mid A)\cdot P(A)}\cdot\frac{1}{P(B)}$$

まずこの部分を計算

まず右辺の「$P(B|A)\cdot P(A)$」までを計算します。誰にも選ばれていない箱Yについては，新たな情報が入ってきたとしても$\frac{1}{3}$と変わらないため，そのまま式に代入します。

- 情報により判明した確率×事前確率

$$甲「X」=\frac{3}{4}\times\frac{1}{3}=\frac{1}{4}$$

$$乙「Z」=\frac{5}{10}\times\frac{1}{3}=\frac{1}{6}$$

$$「Y」=\frac{1}{3}\times\frac{1}{3}=\frac{1}{9}$$

今回はこの3つのうちどれか1つが正解なので，確率の合計を1（100%）にする必要があります。この操作が「$\times\frac{1}{P(B)}$」の部分に相当します。

X	Y	Z	
$\frac{1}{4}$ (0.25) ↓	$\frac{1}{9}$ (0.11) ↓	$\frac{1}{6}$ (0.17) ↓	
□%	□%	□%	合計して 100%にしたい

$$(\text{X が正解の確率})=\frac{1}{4}\times\frac{1}{\frac{1}{4}+\frac{1}{9}+\frac{1}{6}}=47\%$$

$\times\frac{1}{P(B)}$ （$P(B)$ は周辺確率）

$$(\text{Y が正解の確率})=\frac{1}{9}\times\frac{1}{\frac{1}{4}+\frac{1}{9}+\frac{1}{6}}=21\%$$

$$(\text{Z が正解の確率})=\frac{1}{6}\times\frac{1}{\frac{1}{4}+\frac{1}{9}+\frac{1}{6}}=32\%$$

図3.40　事後確率を求める過程

X, Y, Zそれぞれの右辺「$P(B|A)\times P(A)$」を求めた後，確率の合計を1（100%）にするために，各確率の合計$\frac{1}{4}+\frac{1}{9}+\frac{1}{6}$で割る操作を行いますが，この各確率の合計部分（周辺確率）が周辺尤度になっています。この計算を含めて，右辺「$P(B|A)\times$事前確率$P(A)\times\frac{1}{P(B)}$」の計算が完了し，X，Y，Zそれぞれの事後確率$P(A|B)$を求めることができました。

この計算結果を見ると，的中確率は最初「X，Y，Zどれを選んでも確率$\frac{1}{3}=33\%$」だったものが，新たな情報を取り入れたことで「Xが47%，Yが21%，Zが32%」と変化しました。これは甲専務と乙部長それぞれの過去の成績，もしくはカンと経験が予想に組み込まれている，と見ることができます。このベイズ確率による計算結果をもって，社長であるあなたはXを採択するか，3つの案に対する予算配分にどの程度差を付けるか，といった実務に適用できることになります。

先程の例はかなり単純なケースでしたが，「新たな情報で本来想定していた（尤もらしい）確率が変化する」という部分が「ベイズ更新」という操作です。このベイズ更新は日常生活の中でも常に人間の頭の中で行われているものです。

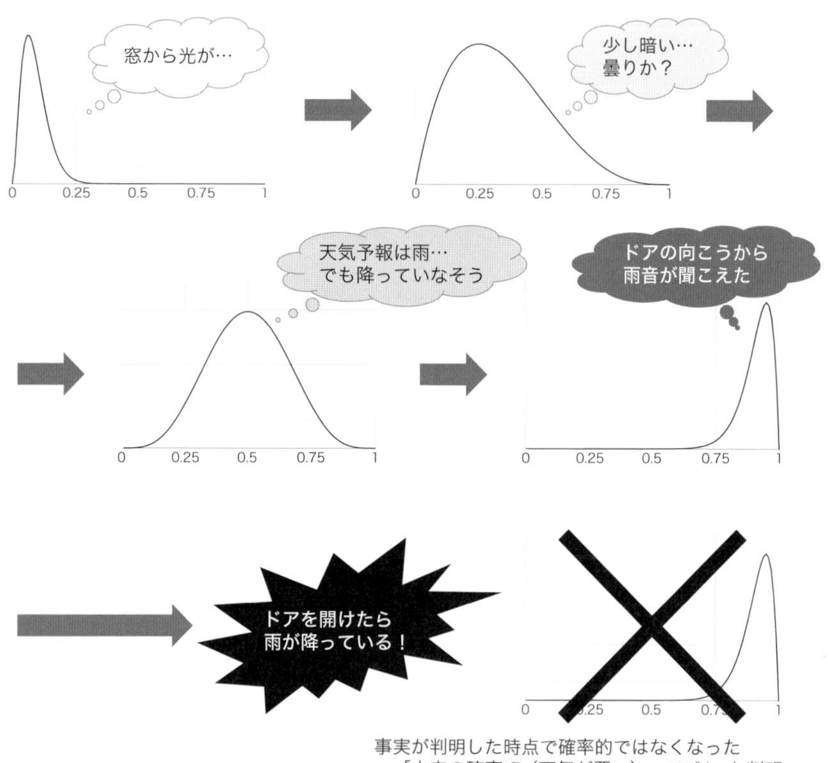

図3.41　日常でも頭の中で行われるベイズ更新

日常生活において，天気の悪さ（晴れなら0，雨なら1）を横軸に，そう思う度合いを縦軸にとったグラフが頭の中にあるとします（**図3.41**）。これは，「雨が降っているかどうか，の確率分布」になっています。この確率分布が情報により変化する様子を見てみましょう。

まず朝起きて窓から光が差し込んだとき，「雨ではなさそうだ」と思い，雨でない＝0付近の確率が最も高くなります。その後，「なんとなく外が暗そう」と思った時点で確率の最も高いところが右側に移動し，天気予報を聞いて中央付近が高くなり，ドアの外から雨の音が聞こえて1付近が高くなる…つまり，目にした・耳にした情報によって確率分布が変化しており，これが「情報を取り入れながらベイズ更新している」ということになります。このベイズ更新された確率分布を用いて，「尤もらしい雨である主観確率」が変化して，「雨じゃない」「いや雨かも」と予想も変化しています。

そして最終的にドアを開けたとき，雨が降っていました。すると，もはや「雨が降っているかどうか」は確率的でなく，確定的な真実・事実となるため，確率的な予測はその役目を終えます。

この例でお伝えしたいことは，「最終的に真実・事実があらわになるのなら，確率論に意味はない」ということではありません。ビジネスでは最終的な結果が出てきますが，結果が予想と違っていたとしても，どの情報がまずかったのか，どの情報を重視するとよかったのか，といった振り返りから，今後の予測に活かすことができます。甲専務と乙部長の選んだXとZがハズレの可能性もありますし，的中率の高い丙社員に巡り合うきっかけになる可能性も出てきます。

重要なのは，ベイズ確率は「もともとの確率，本質的な確率はこれくらいの可能性が高そうだ」という見積りを「新たな情報を取り入れながら更新できる」という点です。これは「過去のデータを活用しつつ，情報を取り入れながら，本来の姿はこうである可能性が高い」という見積りを繰り返す行為そのものであり，まさにカンと経験を活かす人間の思考に近いため，ベイズ確率は機械学習，AIとの相性が良いということを示唆しています。

補 足

なお，ベイズ統計は統計学の区間推定（ベイズ統計の場合は信用区間），点推定（ベイズ統計の場合は最大事後確率推定：MAP推定），ベイジアンネットワーク，階層ベイズモデルなど，さまざまな応用・発展があります。

3.5 いろいろな場面で使えるその他手法

ここまでで紹介しきれなかった分析手法やアルゴリズムのうち，現場のビジネスデータとの親和性の高い手法について，いくつか解説します。

1 「使えるペア」を探索〜アソシエーション分析〜

組合せに関する分析には，**アソシエーション分析**という手法が有効です。端的に説明するならば，組合せの出現頻度や，確率に着目した分析です。代表的なものにマーケットバスケット分析などがあり，「買い物カゴに何と何が一緒に入っているのか，についての分析」と思えばよいでしょう。

単純集計の資料といえば，ある項目についての合計が複数並んでいることが多いですが，商品ごとの販売個数は簡単に集計できても，「商品aと商品bのセット」，「商品aと商品cのセット」，…といった組合せの集計については，レシートなどの情報も必要になるため，それほど簡単ではありません。できることならさらに顧客情報を加えて，男性かつ商品a購入，以前に商品b購入した顧客が今回は商品c購入，…といったように，さまざまな組合せを考慮した集計ができると，いろいろな発見がありそうです。そのような「組合せ」に着目したい場面で，アソシエーション分析は重宝します。

アソシエーション分析は組合せを取り扱いますが，このとき**ベン図**（**図3.42**）が役に立ちます。

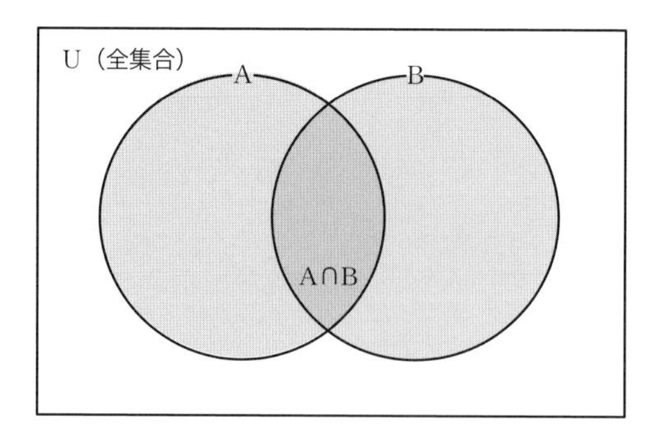

図3.42 ベン図

アソシエーション分析は**図3.42**でいえば「AかつB（A∩B)」の部分の大きさを調べる分析手法ですが，このAやBがそれぞれデータ項目であり，例えばAが「商品aを購入した」に該当する顧客，Bが「女性である」顧客だとすると，AかつB（A∩B）の顧客は「商品aを購入した女性」となります。他にも「商品bを購入した」などデータからさまざまな条件を用意することで円が多数生み出され，最終的にはいろいろな重なり方をする，と思ってください。

データの処理方法としては，「商品aを購入した」「女性である」といった条件に当てはまるかどうか，を0と1で表現します。今回，単純な例として「パン，コーヒー，たばこ，おにぎり，お茶」という商品を取りそろえる売店の購買記録4つ(001～004)があるとします。データは，**表3.11**のように加工することになります。

表3.11　「0：未購入」と「1：購入」で加工した購買データ

	パン	コーヒー	たばこ	おにぎり	お茶
001	1	1	0	0	0
002	0	0	0	1	1
003	0	1	1	0	0
004	1	1	0	1	0

データはもともと，

- 記録001は「パン，コーヒー」
- 記録002は「おにぎり，お茶」
- 記録003は「コーヒー，たばこ」
- 記録004は「パン，コーヒー，おにぎり」

という，それぞれが何を購入したかを記録したレシートのようになっています。このレシートのように商品が列挙されている形式を「トランザクション形式」と呼び，**表3.11**のような「縦軸に購入記録を1つずつ，横軸に商品を並べた形式」を「マトリックス形式」といいます。記録をざっと見てみると，最も売れている商品はコーヒーで，コーヒーとパンは比較的一緒に購入されているようです。

アソシエーション分析は「条件部Aが起こったとき，結論部Bが起こりやすいか」という解析方法であり，例えば「おにぎりはどういう売れ方をしているか」を見たとき，「何が買われたとき（条件部)，結果としておにぎりも売れるか（結論部)」といった組合せを解析します†。

† 実際は，有用性の高い条件部Aと結論部Bについてアルゴリズムを用いて計算し探索します。

この売店の例をアソシエーション分析し，「条件部A→結論部B」の組合せのうち「パン→コーヒー」「お茶→おにぎり」の分析結果は**図3.43**のとおりです。

条件部A：パン → 結論部B：コーヒー

	パン (A)	コーヒー (B)	たばこ	おにぎり	お茶
001	1	1	0	0	0
002	0	0	0	1	1
003	0	1	1	0	0
004	1	1	0	1	0

データ数（全ケース数）は「4」

・支持度（Support値）$= \frac{2}{4} = 0.5$

・確信度（Confidence値）$= \frac{2}{2} = 1.0$

・リフト値 $= \frac{1.0}{\frac{3}{4}} = 1.33\left(= \frac{4}{3}\right)$

条件部A：お茶 → 結論部B：おにぎり

	パン	コーヒー	たばこ	おにぎり (B)	お茶 (A)
001	1	1	0	0	0
002	0	0	0	1	1
003	0	1	1	0	0
004	1	1	0	1	0

データ数（全ケース数）は「4」

・支持度（Support値）$= \frac{1}{4} = 0.25$

・確信度（Confidence値）$= \frac{1}{1} = 1.0$

・リフト値 $= \frac{1.0}{\frac{1}{2}} = 2.0$

図3.43 アソシエーション分析結果

アソシエーション分析では，3つの指標が計算されます。この3つの指標は，それぞれ次のような意味があります。

①支持度（Support値）

支持度は，その組合せの出現率を表しています。全データ数のうちその組合せが何回出てきたか，その割合を示したものです。

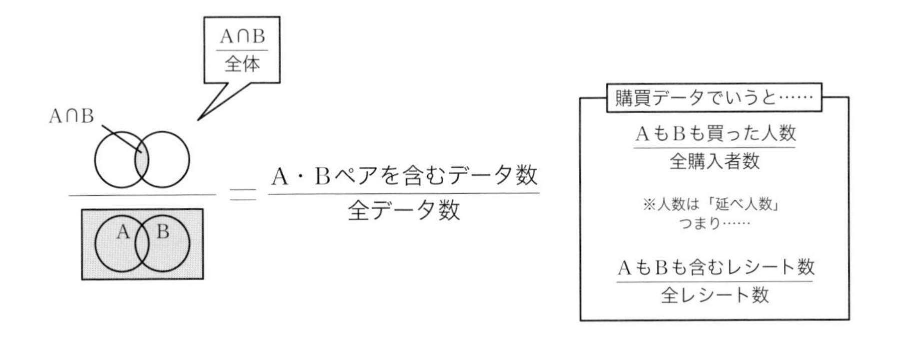

図3.44　支持度（Support値）

4人の購買記録と見ると，4人のうち1人（25%）が「お茶とおにぎり」という組合せで買い物をし，半数（50%）が「パンとコーヒー」という組合せで買い物をした，ということが読み取れます。よって，支持度は「その組合せの出やすさ，出現頻度」を表しています。組合せそのものの出現頻度を表しているので，「パンが手に取られた後に，コーヒーも…」という順序は表しておらず，あくまで組合せとして数えていることに注意してください。

②確信度（Confidence値）

確信度は，「ある条件に当てはまるケースのうち，その組合せを含む割合」であり，「ある商品を買った人は，他のある商品も買っているか」という具合に，組合せの一方に着目したとき，他方は組合せとなりやすいのか，を見ています。

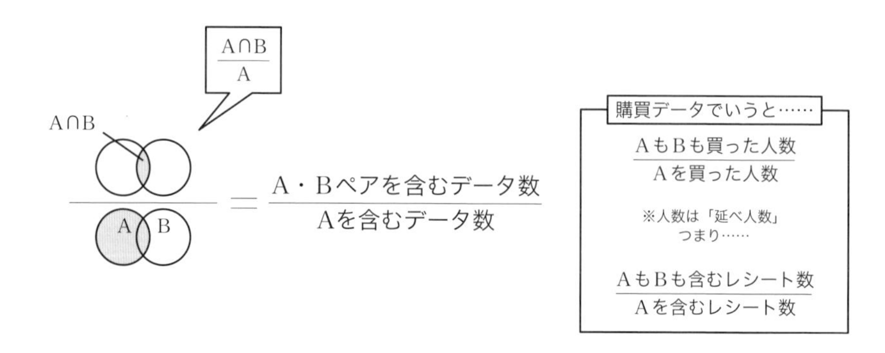

Aが起こったときのBの出現率＝Aを買う人がBも買う確率

図3.45 確信度（Confidence値）

先程のパンとコーヒーの例だと，「パンを買った人は2人，うち2人（全員）がコーヒーも買っていた」となりますし，「コーヒーを買った人は3名，うち2人（67%）はパンも買っていた」という計算結果になります。

確信度の使われ方として，ある組合せが有効であるかどうか（出やすい組合せだとするかどうか）を決めるとき，「確信度が0.8以上かどうか」で足切りを行う，という数値的な判断材料として利用します。

③リフト値（Lift値）

おそらく3種類の指標の中で最も直感的でないのが，この**リフト値**でしょう。計算式は「確信度を結論部Bの出現割合で割ったもの」であり，元のデータによっては，リフト値が極端に大きな値になることもよくあります。

このリフト値は「確信度を結論部Bの出現割合で割ったもの」ですが，

（確信度）
＝（ある条件に当てはまるケースのうち，その組合せを含む割合）
＝（Aが起こったときのBの出現率）
（結論部Bの出現割合）＝（Bの出現率）

ですから「単にBが出現するケースの何倍，条件AのもとでAかつB（AとBのセット）が出現しやすいか」を表しています。つまり，先程の「パン→コーヒー」を見てみると，

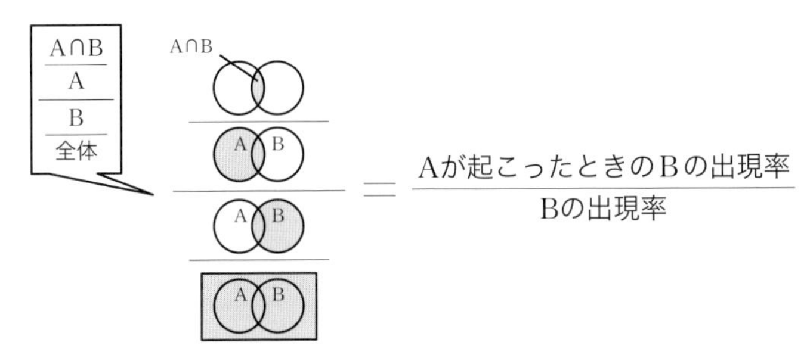

つまり…… 単にBが出現するケースの何倍，
条件Aのもとで「AかつB」が出現しやすいか

購買データでいうと……

単にBが買われるケースの何倍，Aも一緒に買われやすいか

図3.46 リフト値（Lift値）

(確信度（パンが出たときのコーヒーの出現率））$=1.0$

(Bの出現率（コーヒーの出現率））$=\dfrac{3}{4}$（4人中3人がコーヒー購入）

$=0.75$

({パン→コーヒー}のリフト値)$=\dfrac{1.0}{0.75} \fallingdotseq 1.33$

という計算結果になり，これは「単にコーヒーだけが買われるケースの1.33倍，パンとコーヒーがセットで買われやすい」ということを表しています。

つまり，リフト値が大きければ大きいほど「その商品は単体よりも，別の商品と一緒に買われやすい」，小さければ小さいほど「その商品は単体で買われている」という見方ができるのです。よって，何かと一緒に買われやすいかの境目，としては「リフト値が1を超えているかどうか」で判断するのがよいでしょう。

これら3つの指標「支持度，確信度，リフト値」を総合的に見て，使えそうな組合せ（アソシエーションルール，もしくは相関ルールという）を探ります。

今回の売店の例で，店主が次のような疑問を抱いていたとしたらどのようにアソシエーションルールを読み取ればよいでしょうか？

①組合せ自体が興味の対象となっているパターン

例「コーヒーとパンはセット販売してもよいのか？」

パンとコーヒーのセット自体が多いかどうか，については「支持度（Support値）」で測定できます。次に「確信度（Confidence値）」は0.8以上，「リフト値」は1を上回っており，このコーヒーとパンという組合せは有効なアソシエーションルールと判断できるでしょう。

結論，セット販売は顧客にとってもメリットがありそうです。

②ある商品の売れ方が興味の対象となっているパターン

例「おにぎりはどういう売れ方をしているのか？」

ある商品について考察を深める場合にも，アソシエーションルールを吟味することは有効です。アソシエーションルールは「条件部A→結論部B」という形をとっており，例のように「おにぎり」に興味がある場合，アソシエーションルールのうち結論部Bが「おにぎり」になっているルールだけを抽出して，他のどの商品と一緒に売れているのか，それとも他の商品との関連はないのか，といったことを調べることができます。

さらに，このデータに「性別」「年代」といった顧客の属性データを入れることで，今回興味の対象である「おにぎりの売れ方」と顧客の属性データとの結び付きが発見できる場合もあります。

(2つのアソシエーションルールから読み取った例)

{男性→おにぎり}，{10代→おにぎり}の各数値が高い場合，おにぎりは十代男性に売れやすい，ということがわかる

現実のデータではデータの項目数（商品や属性，アンケート項目など）やデータ量そのものが多く，これの組合せを探索するためアソシエーションルール数が数千～数万になることもざらにありますが，よく行う処理のパターンとしては，

1. まず確信度（Confidence値）が0.8を下回るルールを除外
2. データ数が大量にある場合…支持度（Support値）の大きい順に並べて上位のものに着目する
3. 特定の項目に興味がある場合
   →結論部Bを厳選し，支持度順やリフト値順に並べ替えて見る

4. ルールにあまり差がない場合（項目数が極端に多く，全体的にデータが疎，スパースであるケースに多い）
→確信度のしきい値を下げて出現するルールを見る（大きく下げても0.5付近まで）

という流れになることが多いです。

このような操作により有効なアソシエーションルールを抽出することができますが，このルールについてどのような解釈ができるか，という点について補足的に説明します。3つの指標（支持度，確信度，リフト値）のうち，「支持度」はある組合せをそのままペアとして扱っていますが，「確信度」と「リフト値」についてはペアのうち片方に焦点を当てているため「方向性をもっている」，ということになっており，これは「因果関係がある可能性」を示唆しています。ただし，アソシエーションルールではあくまで「因果関係が存在する可能性のある組合せ」を抽出できたにすぎません。{条件部A→結論部B}は決して「Aが起こった後，Bが起こる」という意味ではなく，あくまで「Aという条件が満たされているとき，Bという結果も発生していることが多い」ということを示している，ということに注意してください。

現場で利用するためのテクニック的な側面からいえば，アソシエーション分析は商品の売れ方のほかに，アンケートの回答（何をどう答えると購入するのか，満足度平均以上になるかなど），テストの不正解（どの問題を間違えると，他のどの問題を間違えるのか…このペアをつなげていくと不正解の連鎖パターンが発見できる）など，項目を工夫することでさまざまな応用につなげることができます。

2 時系列データの読み取り方～時系列分析～

あるデータ項目に着目したとき，それが1分，1時間，1日…と，時間の経過によって変化してきた記録を時系列データと呼びます。ビジネスにおいてこれを分析する目的としては「未来の予測」が主であり，値の変化の仕方から何か法則的なものを発見できることが期待されます。

ここでは実務上，時系列データを見るにあたって注目すべき点についてポイントを解説します。

ビジネスにおける時系列分析の主目的

時系列データを分析することはビジネス課題についてどのような位置付けなのかを考えてみたとき，その主な役割はかなり単純です。それは，「未来の予測」に尽きます。この1年間の来客数を時系列に並べて傾向を探った場合，それは向こう1年の来客数に興味があるからこそ，過去のデータを時系列に並べて傾向を見ようとしているのです。

時系列分析では，過去のデータからできるだけ実際のデータを再現できるようなモデルを作ります。このモデルはグラフの関数（つまり方程式）のようなもので，横軸を時刻：tに固定します。モデルさえあれば，未来が来たときに，縦軸はどうなっているか，を予測できるようになる，ということです。

ビジネスの現場で扱うデータの特徴

時系列分析で重要な概念に「定常性」というものがあります。「定常」について簡単に説明すると，「期（設定した期間のまとまり）ごとの平均値（期待値），共分散[††]は一定であり，変化しない」というものです[†††]。

ビジネスの現場で扱うデータはトレンドなどの影響により平均値や共分散は一定となりません。つまり，現実のデータは基本的に「定常」ではないため，「ビジネス現場で扱うデータは非定常である」ということになります。

---

†† ある二組の対応するデータ間にある関係を表す数値で，例えば相関係数を求めるために計算されます。

††† 厳密には，これは弱定常性の説明です。

周期性・季節性

例えば手元の時系列データから折れ線グラフを作って眺めていると，「同じような動きを繰り返していそうだが，本当にそうだろうか？」と気になる場面があります。同じような動きを繰り返しているのであれば，そこには「周期性」がある，ということになります。

周期性のほかにも意識すべきポイントがあります。それは「季節性」です。季節性はその字の如く季節的な自然の影響もありますが，毎年同時期に行われる慣習的なイベントも季節変動の要因と見ることができます。季節性は，基本的に1年を通して見たときに「毎年繰り返して発生する，データに影響を及ぼす背景」のことであり，例えば初夏にアイスドリンクの売上が急激に伸びたタイミングで「今年1年，ずっとこの調子で売れそうだ」と単純に考えてはいけない，ということは感覚的にも理解できるかと思います。

現実世界ではこの季節変動を排除することができないため，データを分析する過程で調整を行うこと（季節調整）が求められます。自社の売上について時系列データ分析を行う際は「夏は売れる」という影響の分を割り引く必要がある，ということです。

移動平均と傾向・トレンド

時系列データを分析するにあたり，最も実践的で基本的な処理方法は「移動平均法」です。移動平均をとることで季節調整を行い，おおまかな傾向を見ることができます。移動平均は「各時点のデータについて，前後○個分のデータの平均値を計算する」という方法で求められますが，最も主流なのが「直近のN個のデータの平均値をとる」という単純移動平均です。グラフ的には移動平均をとる際にN数を大きくすればするほど滑らかになっていくので，データの推移が読みやすくなります。

移動平均をとるとグラフが滑らかになる，ということは突発的なデータの変化の影響が少なくなる，ということになり，これがその時系列データの傾向・トレンドを表していることになります（**図3.47**）。

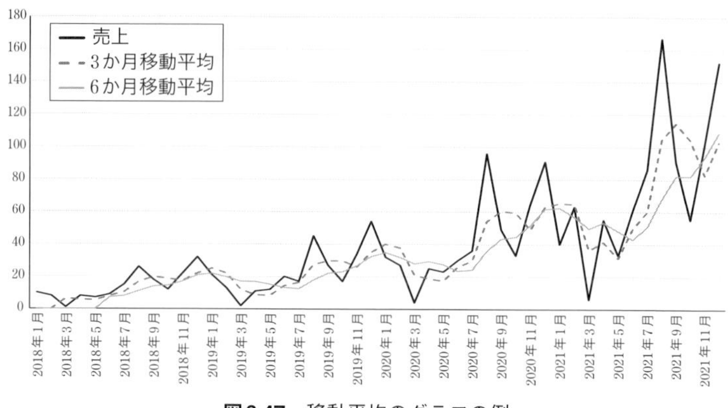

図3.47　移動平均のグラフの例

移動平均は「何個のデータ（間隔）で平均値をとるか」が問題になります。「日々のデータを1週間（7日）ごとに」と明確な期間があればそれで見るとよいですが，このN個が大きければ大きいほど元のデータの特徴が失われてしまい重要な要素を見落としてしまう可能性もあるため，適切な間隔を設定する必要があります。実際に移動平均を計算する際は，いくつか複数の間隔でとった移動平均線を表示させ，見比べてみることをお勧めします。

一般的な時系列モデル

移動平均により過去の時系列データについて大雑把に傾向・トレンドを見ますが，あくまで過去の時系列データの理解が進んだにすぎません。今後の予測を行いたい場合は，過去の時系列データを用いてモデルを作成する必要が出てきます。時系列データに関するモデルはいくつか存在しますが，代表的なものとその特徴について紹介します。

- ARモデル（自己回帰モデル）…データは自身の過去のデータの影響を受けて生成されている，とするモデルです。回帰分析で出てきた説明変数の部分が他のデータではなく，過去の自身のデータを説明変数として使い回帰分析をする，という計算を行います。具体的には，何個か前までの各データにそれぞれ重み係数を掛け，正規分布に従うノイズ（誤差）を足したものを予測値として作成します。
- MAモデル（移動平均モデル）…ARモデルでは過去の自身のデータを説明変数に使って回帰分析しますが，MAモデルではノイズを含んだうえでの過去の予測値と実測値との誤差によって予測値が決まるもの，とします。
- ARMAモデル（自己回帰移動平均モデル）…上記2つのモデルを足し合わせたものが，ARMAモデルです。トレンドがある時系列データを当てはめることができないというデメリットがあります。

既に「ビジネスの現場で扱うデータの特徴」で述べたとおり，「ビジネス現場で扱うデータは非定常」ですが，実際に現場で採用する時系列分析では，この非定常性を考慮して下記の手法が多く用いられます。

- ARIMAモデル（自己回帰和分移動平均モデル）…トレンドをもつ時系列データについて，データの差分をとることでARMAモデルに当てはめたモデルです。データの差分をとると変化の値のみが残るため，トレンドは失われる，ということを利用しています。
- SARIMAモデル…ARIMAモデルの拡張版で，季節成分を取り入れたものです。
- 状態空間モデル…観測できない「状態モデル」があるものと設定し，観測されたデータ（観測値）はその状態モデルから生成されたものとして，観測値から状態モデルを推定し，推定した状態モデルから観測を予測しようとするアプローチです。特徴として，定常性を考慮せずとも適用できる，データに抜け落ちがあっても予測可能，という利点があります。

3 レコメンデーション（推薦システム）の仕組み

レコメンデーション（推薦システム）は，顧客に対し商品を推薦する（Recommend：レコメンド，リコメンドと発音する人もいます）仕組みのことです。

まず，レコメンドに関して必ず連想してほしいのが「セレンディピティ（Serendipity）」です。これは「素敵な偶然の出会い，発見があること」を意味し，レコメンドの狙いはこのセレンディピティが顧客に起こってもらうことです。ビジネス的な観点だと「潜在的なニーズの刺激・掘り起こし」に相当します。

レコメンデーションを実現する仕組みには，いくつかのアルゴリズムがあります。既に紹介したアソシエーション分析によりレコメンドを実施することも可能ですが，ここではよく使われるアルゴリズムである「協調フィルタリング」を解説します。

協調フィルタリング

協調フィルタリングは，オンラインショップで見かける「これを買ったユーザーはこちらの商品も…」が当てはまります。例えばある商品を買ったことがある，もしくは商品にどのような評価を付けたか，という情報を用いると，自分自身と似た趣向をもつユーザー候補が判明し，さらに距離＝近さが計算されます††††。「ユーザーAとBは距離的に近い。ユーザーAが買ったアイテムは，ユーザーBも買う可能性が高い」という流れで推薦するアイテムを探索するアルゴリズムです。これをもとに，共通点の多いユーザーが購入していて，自分が未購入のアイテムがレコメンドされる，という仕組みです（**図3.48**）。

ただし問題点があり，そもそも利用者数が少ない，スタートアップといった場面では距離計算に用いるためのユーザー情報が不十分であり，うまく機能しません。スタートアップ時は「とりあえず最初は単純に人気ランキングの高いものを推薦する」といったテクニックもあります。レコメンデーションのアルゴリズムにはさまざまな応用発展型（確率的なアプローチや時系列を組み込む方法など）があり，状況に合わせて新たに開発することも可能です。

	醤油ラーメン	豚骨醤油ラーメン	特製豚骨ラーメン	こってりラーメン	塩ラーメン	ゆず塩ラーメン	味噌ラーメン	最強の炒飯
Aさん	食べた	食べた	食べていない	食べていない	食べていない	食べていない	食べていない	食べた
Bさん	食べていない	食べていない	食べた	食べた	食べていない	食べていない	食べていない	食べた
Cさん	食べていない	食べた	食べていない	食べていない	食べていない	食べていない	食べていない	食べた
Dさん	食べていない	食べていない	食べていない	食べていない	食べた	食べた	食べた	食べていない
Eさん	食べていない	食べていない	食べた	食べた	食べていない	食べていない	食べていない	食べていない

CさんはAさんに似ている

Cさんには『Aさんは食べたがCさんは食べていない醤油ラーメン』をレコメンド

図3.48　協調フィルタリングのイメージ

†††† 相関が高いもの同士は距離が近い，というイメージでもよいでしょう。

4 テキストデータの分析方法～テキストマイニング～

アンケートに自由記述の設問があるように，データには数値データのほかに文章・文字で構成されるテキストデータがあります。このテキストデータから有用な知見を取り出そうとする試みが，**テキストマイニング**です。ビジネスで対象となることの多いテキストデータはアンケート回答や商品サービスのレビュー，営業記録（日報など）や問合せ記録が多く，その記述内容から商品やサービスに対する客観的な顧客の反応を把握することができます。それ以外だと，商品やサービスの説明文，会話，ファイル名など，テキスト形式であれば分析の対象とすることができます。

テキストマイニングの流れですが，まずテキストデータには自然言語処理が施されます。代表的な処理方法に，テキストデータを単語に区切ってバラバラにする「分かち書き」という処理を行います。

（元の文章）今日の売上はすごく良かった。
（単語で分かち書き）今日　の　売上　は　すごく　良かった

上の処理はMeCab，Janomeといったツール（モジュール）を用います。これらツールはそれぞれ単語の辞書を持っており，この辞書を参照して単語に分解したり，品詞情報を付与します。この操作のことを「形態素解析」といいます。参照される辞書は基本的に外来語や英単語も含まれますが，デフォルトの辞書にない特殊な単語が文章中にある場合は，ユーザーが単語を追加できるようになっています[†††††]。

単語に分解されると，「その文にはどのような単語が含まれているか」という調査ができるようになります。ユーザーごとに集めた文章であれば「Aさんの文章にはその商品について，どのような単語が出現したか」という見方ができるようになるわけです。

もう少し細かく見ると，単語は文章ごとにグルーピングされてもいるため，「どのような順で単語が並んでいるか」という観点で文章を解析することも可能になります。これを発展させるとチャットボットなどにつながっていきますが，ここ

††††† 固有の商品名やコンテンツ名，品番といった単語は「それ以上分かち書きされると困る単語」なので，ユーザー辞書に登録することが一般的です。

では主にビジネス現場で使える「切り分けられた単語の活用方法」について紹介します。

対応分析（コレスポンデンス分析）：全体の傾向を探る

接客や味の評価を「とても満足・満足・普通・…」と回答させる飲食店のアンケートでは，回答者の属性（性別，年代など）に加え，最後に自由記述の回答欄をよく目にします。この場合，対応分析を用いて「どのような回答者が，どのような回答をする傾向がありそうか」を探ることが可能です。テキストに含まれる単語は「そのテキストにその単語があるかどうか」という説明変数になっているため，他の説明変数（年代や満足度など質問項目）との関連について分析が可能になります。

対応分析により，「自由記述の回答はおおまかに，接客，味，雰囲気の3種類に分けられそう」「40代は接客に関する記述をする傾向がある」といった，大まかな傾向をつかむことができます。

アソシエーション分析：単語の組合せを探る

形態素解析を実行すると「そのドキュメントにどのような単語が存在するか」という情報に整理することができます。「ユーザー（ドキュメント）の買い物かごにどんな商品（単語）が入っているか」と同じ構造なので，「どのような単語が一緒に出現しやすいか」という分析，つまり出現単語についてアソシエーション分析（3.5節1項）が可能になります。

分析結果は組合せ「○○という単語があると，××という単語も出やすい」という形で出力されるため，例えば明らかに望ましくない単語に着目して，「悪い印象を抱いた顧客からほかにどのような単語が出現しているか」という調査ができます。ある単語にはどのような単語も一緒に出やすいか，の連鎖を辿ってみると，特徴的な回答＝顧客の自社に対するイメージをあぶり出すことにつながります。

単語の出現についてアソシエーション分析する際の注意点として，文章でよく出現する「AのB」といった近くにある単語も「Aは…Zだ」といった遠くにある単語も「同じ文章に出現している」としている，つまり単語同士の関連性の強さを考慮せず，単に出現の組合せのみを探索するため，アソシエーションルールに出現した単語についてはその意味も考慮しながら観察することが求められます。

TF-IDF：各ドキュメントの特徴的な単語を探る

TF-IDFはドキュメントの傾向を探るアルゴリズムの一つです。TF（Term Frequency）は「各単語がそのドキュメント内でどれくらい多く出現しているか，その頻度」を表します。また，IDF（Inverse Document Frequency）は「各単語が，いくつのドキュメントで使われているのか」（の逆数）を表します。この2つの指標をもって，各ドキュメントを特徴付ける単語，すなわち各ドキュメントにある単語の重要度を測定できます。

つまり，このアプローチは「そのドキュメントでたくさん出てくる単語は重要」という考え方と「他の文章でも出てくる単語はあまり重要でない＝全体から見てレアな単語は重要」という考え方を組み合わせて数値化しています。

TF-IDFの利点は，各ドキュメントの特徴的な単語（特徴語）を計算で導き出すことができるという点です。全てのドキュメントについて処理を行うと，全体としてどのような単語が浮かび上がるのか，を見ることで自由記述回答そのものの傾向を効率的に把握することができるようになります。

発展的な使い方になりますが，例えば次のような属性に関する質問項目があるアンケートデータが大量にある場合を考えましょう。

- 年代（10代以下，20代，30代，40代，50代以上）5種類
- 性別（男性，女性，未回答）3種類
- 来店回数（初めて，2回め以降）2種類

回答者は（5×3×2＝）30通り，つまり30グループに分けられますが，各グループのドキュメントを全て一連の文章としてつなげることで，「30のドキュメントがある」と見ることができるため，年代や性別など，何か傾向がありそうだと考えられる場合はこのようにデータを整理してTF-IDFを用いた解析を行うのも一つのテクニックです。

テキストデータを扱ううえで注意すること

以上，ビジネス活用で利用しやすいアプローチを紹介しましたが，アンケートや商品レビューは「顧客が商品・サービスについて抱いた印象がテキストとなって現れてきたもの」と見ることができるので，テキストデータは「情報が濃いデータ」と考えられます。よって，「特になし」という回答を少なくできるよう，質問の文言を工夫したり特典を付けたりするなどして，できるだけ顧客から拾い上げたい情報です。

最後に，テキストの生データを扱ううえでのチェックポイントを挙げておきます。いわば，「テキストデータの前処理」についてのチェックポイントです。

- 半角全角英数字，アルファベットの大文字小文字を統一しておく（環境依存の数字もチェック）
- 明らかな誤字は修正しておく
- 文章中にある半角全角スペースは削除しておく

まず，これら処理は最初に行うべきです。紙の資料を打ち込んだデータ，というケースでは打ち間違いと思われる誤字をよく見かけます。同じ理由で，妙な箇所にスペースが入っている場合もあります。

そして，テキストマイニングの結果に違和感がある場合は次の処理を考えてください。

- 類義語（表記は違うが同じものを指している単語）は統一する

あくまで顧客の抱いた印象を探るためにテキストデータを利用しているのであり，文の厳密な情報の取得を目的としているわけではないので，アンケート回答やレビューでは類義語を統一しておいても問題ありません。また，必要に応じて，次の点もチェックが必要です。

- 姓が地名や支店名と同じ場合は，人名の部分を「特定従業員」などと置換しておく

例 「福井」という単語は従業員の「福井さん」か支店名の「福井支店」か，を区別しておかないと，単語「福井」がどちらのことか区別がつかなくなる。
→（対処例）従業員が分析の対象にならない場合は「従業員」に変換，対象であれば「fukui」と表記を変えておく

補足

テキストマイニングツールとして，対応分析やクラスター分析，共起ネットワーク（単語の関連性を距離計算から求めて可視化する）などが利用できる「KHcoder」が便利です。

3.6 マーケティング理論への拡張

ここまでは「データ」という観点から分析手法や分析アルゴリズムについての解説を行いましたが，「ビジネス」に焦点を合わせると「マーケティング」も無視できません。ここでは，各種分析手法とマーケティング分野との関係性について解説します。

1 マーケティング理論への分析手法適用メソッド

「マーケティング」の説明としては「売り手と買い手の価値交換プロセス」などさまざまありますが，多くはコトラーのマーケティング理論がベースとなっています。その根底には「顧客のニーズにいかに応えるか」という命題があり，そこからさまざまなマーケティング理論が発展し現在に至ります。

ここからは，ビジネス現場のデータ分析業務で使いやすいマーケティング理論の紹介と活用メソッドについて解説していきます†。

本書で分析手法と絡めて解説するマーケティング理論は，次のとおりです。

- STP分析
- イノベーター理論
- RFM分析

これらは代表的なマーケティング理論の一部ですが，「どのように実際に目の前のケースへ当てはめればよいか」という点で，統計学や確率論の観点を取り入れると理解が進みやすいものです。

上の3つのマーケティング理論については後で解説しますが，その前に，統計学や確率論の観点を取り入れる例として**プロダクトライフサイクル**（PLC）を取り上げてみます（**図3.49**）。プロダクトライフサイクルは製品の売上と利益の変容を「導入期→成長期→成熟期→衰退期」という4つのステージに分類できるとするものです。「どのタイミングでどのステージになったのか」を調べたい場

† なお，本書ではマーケティングに関する概念やフレームワークなど，総称して「マーケティング理論」とまとめていることに注意してください。

面がありますが，各ステージにおける売上と利益についての時系列データを見ると，ステージの変化点の解明に近づくことができます。

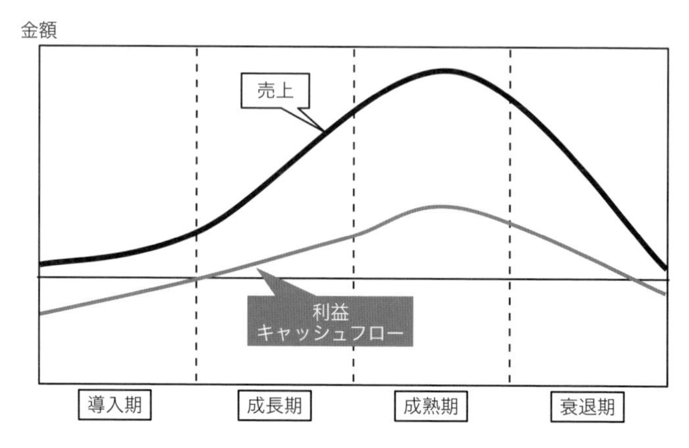

図3.49　プロダクトライフサイクル（PLC）とは

マーケティング理論を「長年，市場（マーケット）で観察された事象・法則のようなもの」と思うと，PLCや各種マーケティング分野のフレームワークは「長年，数多くの事例によって導き出された市場についてのモデル」と見ることができます。そのため，顧客のデータからモデルを探ろうとするデータ分析とマーケティング理論は親和性が高い，といえますし，データ分析結果とマーケティング理論からさらに考察を深めたり，推測の幅を広げたりする，という相乗効果も期待されます。

2　STP分析にデータ分析手法を使う

STP分析はマーケティング戦略のフレームワークの一つで，次の3ステップを踏むのがよい，とされているものです。

1. セグメンテーション（S：どのように市場を分けるか）
2. ターゲティング（T：どのセグメントを対象とするか）
3. ポジショニング（P：顧客に対しどのように価値提供するか，他社と競争するか）

このうち「1. セグメンテーション」において，居住地や年代，性別，職業といった見える部分のほかに「未知のセグメント」を発掘するのに，データ分析手法が役立ちます。

STP分析は一般的に，顧客を「年代，性別，職業」といった属性データを用いてセグメントに分け，具体的なプロモーション施策を考案する，という流れをとります。こうすることで，「20代・女性・会社員」といったペルソナ（顧客像）の作成につなげやすくなります。しかし，これは「属性情報が確実に要因となっている」という仮定に基づいて分析を行っているため，実際は属性情報が要因としては適していないにもかかわらず，決め打ちで分析を進めてしまう危険があります。それを避けるためには，いったん「セグメンテーションに際し，属性情報はあまり有効なデータではないかもしれない」とするアプローチも行うべきですが，このようなアプローチにクラスター分析や主成分分析が力を発揮します。

◎ クラスター分析を用いる具体的な方法

まず，階層クラスター分析（3.2節2項）で大まかにどのようにクラスターが形成されるのかを見ると，「客観的にどれくらいの数のセグメントに分かれるのか」を見積もることができます。この数をもって非階層クラスター分析でクラスタリングを行ってみて，それぞれのクラスターごとに再集計すれば，属性情報以外で差が出る項目が浮き彫りになってくる可能性があります。

◎ 主成分分析を用いる具体的な方法

主成分分析（3.2節3項）は既知のデータ項目をできるだけ情報量を落とさず圧縮する働きがあるため，見える軸とは違う角度からのセグメントを想定することができます。具体的な使い方としては，「第N主成分まで採用すると，累積寄与率がおおよそ8割（0.8＝80％）を超えるか」を見ます。この「第N主成分」が「N個の軸でサンプルを見ると，全体の80％を今のデータで説明できている」ということを示しているため，この「N個の主成分」をもって，セグメント数をNとします。累積寄与率は目安として8割としましたが，ここは調整を入れても構いません。

◎ クラスター分析・主成分分析の違い

クラスター分析は「手元のデータをどのようにグループ分けするか」という切り口であり，主成分分析は「いかに次元を圧縮するか＝情報量を落とさず説明変数を減らすか」という働きがあるため，前者は施策の実施対象を念頭に置いたアプローチ，後者は過去のデータから有効な知見を探る調査を念頭に置いたアプローチになります。

STP分析において，これらの分析手法を用いることは属性情報の重要性を否定するものではなく，さらに有用な要因をデータから発掘しようとするアプローチであるため，結果的にSTP分析の精度，効果を高めるのに役立ちます。

3 イノベーター理論に確率のテクニックを使う

新しい商品やサービスを出したとき，市場へどのように普及していくのか，ということを示した理論が，**イノベーター理論**です。イノベーター理論では商品・サービスが市場へ浸透する過程を5つの層に分類しています。この5つの層について見ていきましょう。

- **イノベーター**（革新者）：全体の2.5％　…最も早く商品・サービスを購入する層のことです。「新しい商品，サービスである」ということに価値を見出すタイプで，コストや質よりも目新しさを重視します。
- **アーリーアダプター**（初期採用者）：全体の13.5％　…新商品や新サービスに早い段階で目を付け，そのメリット，ベネフィットに鑑みながら，普及しそうな，はやりそうなものなら購入を決める層です。流行やトレンドに敏感で，インフルエンサーはこの層が多いです。
- **アーリーマジョリティ**（前期追随者）：全体の34％　…新商品や新サービスの購入に比較的慎重な層で，アーリーアダプターの影響を大きく受けます。流行やトレンドの真っ最中に反応しやすいタイプ，ともいえます。
- **レイトマジョリティ**（後期追随者）：全体の34％　…新商品や新サービスに消極的であり，結果的に購入が遅れる層です。商品・サービス自体よりも周りの動向により購入するかどうかを決めるタイプがこの層に相当します。「定番」になってやっと腰を上げるイメージです。
- **ラガード**（遅滞者）：全体の16％　…最も保守的であり，「定番」どころか「伝統・文化」レベルにならないと購入しないような層です。新商品や新サービスの反応が調査対象の場合，この層（ラガード）は「購入しない層」と見て差し支えありません。

イノベーター理論では，それぞれの層が全体のおよそ何％を占めるのかが示されています。

イノベーター理論を考える際にもう1つ重要な別の理論があります。「市場浸透するかどうか」について提唱される，「キャズム理論」です。

キャズム理論は「普及率16%の理論」とも呼ばれており，「イノベーター（2.5%）とアーリーアダプター（13.5%）への普及の後，そこには**キャズム**（深い溝）があるため，これを超えることが鍵である」というものです。

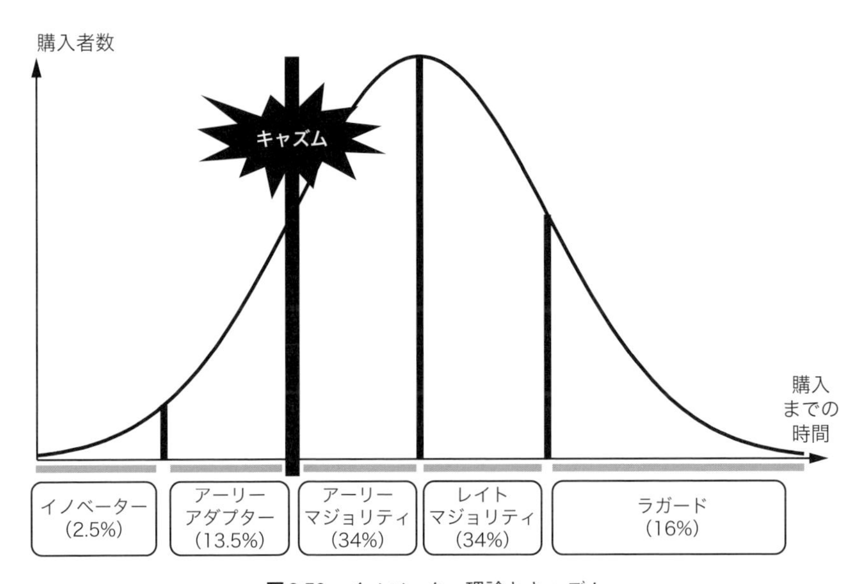

図3.50 イノベーター理論とキャズム

以上のことをまとめると，**図3.50**のようになります。まず，この形状は正規分布のような形状になっていることがわかります。厳密には正規分布になっているとはいい切れませんが，「正規分布のような形をしている」という認識で差し支えありません。重要なのは「各層の割合がどのようになっているか」です。この「各層の割合」と「キャズム」をビジネスでうまく利用するアイデアを紹介します。

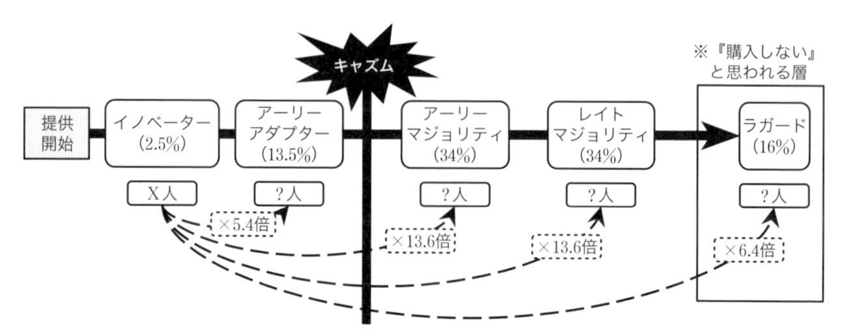

図3.51 イノベーターの人数を基準とした各タイプの比率

図3.51は，イノベーター理論から割合に関する情報を抽出し，整理した図です。各層のパーセンテージ（%）は全体に対する割合を示しているため，イノベーターと考えられる人数を設定することにより，アーリーアダプター以降の人数の推測が可能になることがわかります。特に着目したいのが，キャズムまでの人数＝イノベーター＋アーリーアダプター，つまり初期市場の人数です。キャズム理論によると，この初期市場の人数を超えるかどうかが大きな分岐点となっているため，この人数がまず目標とすべき人数になります。例として，イノベーターが30人であるケースで見てみましょう（**図3.52**）。

イノベーターに該当する人数が決まると，まず着目すべきキャズムまでの目標人数，そして最終的な購入者数の見込みを計算することが可能，ということになります。しかし，1つ問題があります。それは，「イノベーターの人数をどのように決めればよいか」，です。

イノベーターの定義によると「最も早く商品・サービスを購入する層」でしたが，発売初日の購入人数を見ればよいのか，それとも数日先も含めればよいのか，はたまた事前アンケートで「絶対買う」と回答した人数なのか，判断が難しい問題です。

そこで，一つの策として「最初のプロモーションを行っていた期間に購入した買い手」をイノベーターの人数としてしまう手があります。施策の面で例えるなら，

- アンケートから推測（例：購入の決め手が「ファンだから」といった絶対的な回答で「価格が安い」といった相対的でない回答の購入者）
- 事前登録，引換券，予約などのシステムを用意しておく

といった工夫を施すことで，イノベーターの人数を推測します。

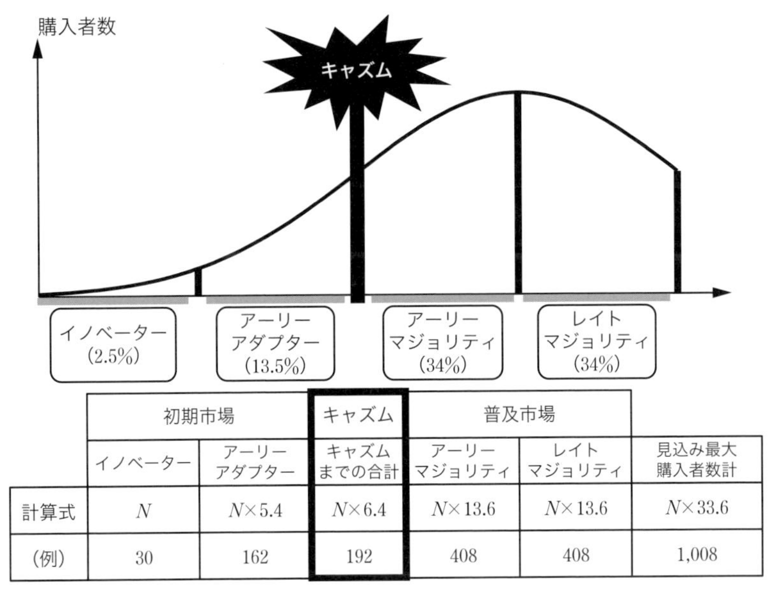

	初期市場		キャズム	普及市場		
	イノベーター	アーリーアダプター	キャズムまでの合計	アーリーマジョリティ	レイトマジョリティ	見込み最大購入者数計
計算式	N	$N \times 5.4$	$N \times 6.4$	$N \times 13.6$	$N \times 13.6$	$N \times 33.6$
(例)	30	162	192	408	408	1,008

図3.52 イノベーターの人数を用いた予測

既に時間が経過している場合，商材を市場に投入してからの購入者数で考えると，各日の前日比を見て購入者数が落ち着いた頃，その時点の累計購入者数をキャズムの手前までの人数＝初期市場（イノベーターとアーリーアダプター）の人数と考えて，割合からイノベーターの人数を想定することも可能です。

例 累計購入者が500人を超えたあたりから伸びづらくなった

…キャズムまでの合計人数が500人と考えられるので，

イノベーター：アーリーアダプター＝1：5.4

＝78人：415人

と推測される（ここから，キャズムを超えた後の見込み最大購入者数は78人×33.6≒2,620人となる）。

4 RFM分析に確率分布のテクニックを使う

RFM分析は顧客を購買記録データから分析する方法の一つです。顧客を3つの指標（Recency：最終購入日，Frequency：購入頻度，Monetary：購入金額）によりランク付けするというもので，平たくいえば「顧客の重要度，優先度の求め方」です。これにより顧客を「優良顧客グループ，安定顧客グループ，…」といったいくつかのランクに分けます。

まず，3つの指標の中身を見ると

- **Recency**：直近でいつ購入したか，最後にいつ購入したか
- **Frequency**：購入頻度（来店頻度とする場合もある）
- **Monetary**：累計購入額

という項目であり，説明変数をこの3つに絞ってグループ分けを行っていることになります（**図3.53**）。

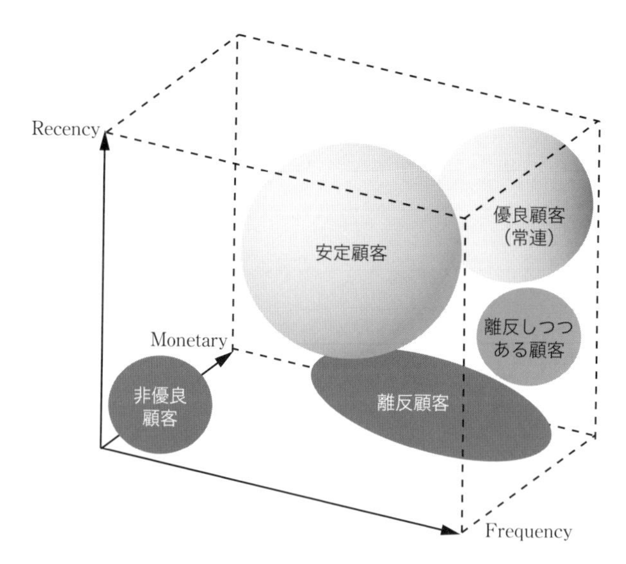

図3.53 RFM分析のイメージ

それぞれの良し悪しにより顧客のランクが決まり，定点観測することで「ランクが落ちた顧客には休眠顧客用の施策を」といった使い道がなされます（**図3.54**）。

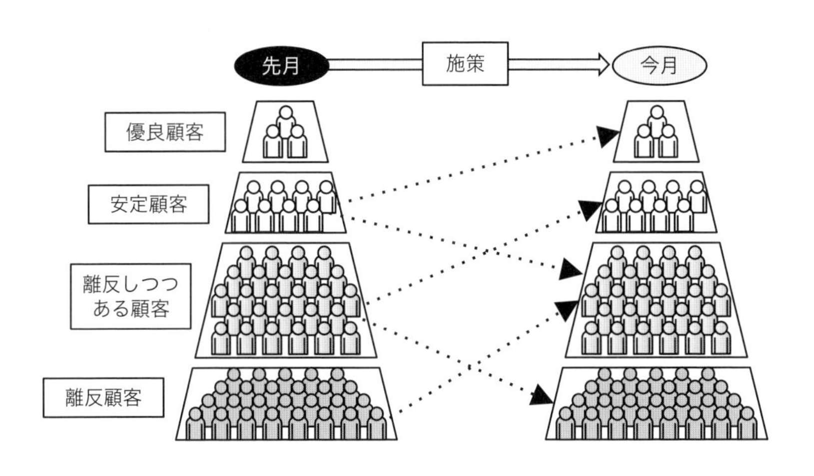

図3.54 RFM分析に基づいたランク分けのイメージ

売上を伸ばす，ということを念頭に置いた場合，まず「優良顧客，安定顧客」に対しては離反させないように満足度をキープさせることが求められますし，「離反顧客」についてはできるだけ減らすことが望ましい，ということがいえます。

そもそもRFM分析では結果についての集計データを整理しているため，「今後どうなるか」といった予測的な観点や「見込み顧客はどのあたりか」といった推測的な観点を読み取ることができず，これがRFM分析の限界といえます。そこで，確率の観点から客観的な現状把握を行う方法を紹介します。

いわば上得意グループである「優良顧客，安定顧客」については，既に提供している商品やサービスについて満足感を得ている状態であるため，RFMのうちRecencyから考察します。正確には「購入間隔」に着目し，「最後の購入からどれくらい期間が空いたら注意を払うべきか（ケアすべきか）」を調べます。時間間隔を扱う確率分布は指数分布でしたので，これを優良顧客，安定顧客それぞれのグループで調べます。

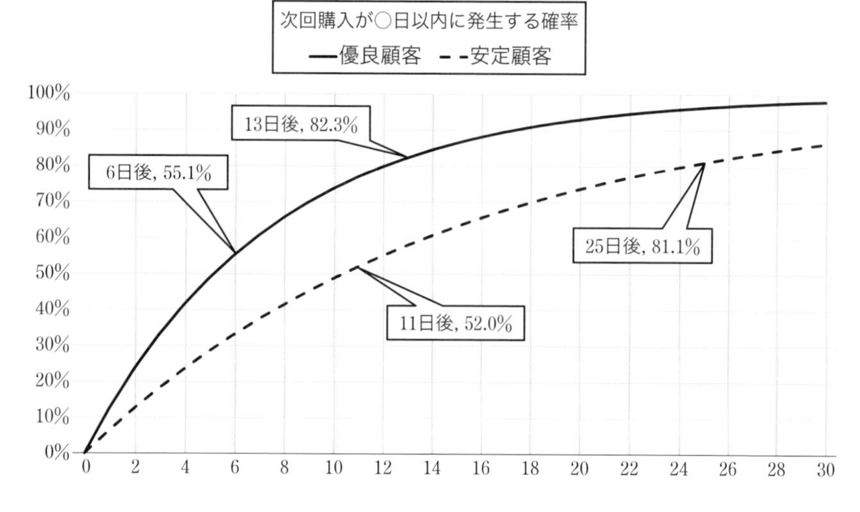

図3.55 優良顧客，安定顧客グループへの指数分布の適用例

優良顧客グループは平均して週に1回（30日に4回とする），安定顧客グループは平均して2週間に1回（30日に2回とする）購入していることがわかりました。これをもとに指数分布（3.4節1項）を可視化し，「確率50%，80%で何日以内に購入するか」をそれぞれ調べたところ，**図3.55**のようになりました。8割方，優良顧客グループは最後の購入から13日以内，安定顧客グループは25日以内に再購入する計算になりますので，最後の購入からそれぞれの日数を経過してもまだ購入されない，という顧客が目立ち始めた場合は注意を払うのがよさそうです。

離反しつつあるか既に離反しているであろう顧客グループについては，RFMのうちFrequencyから考察します。そもそも来店頻度がまれであることから，「一定期間内に何回購入しそうか」に着目します。頻度を扱う確率分布はポアソン分布（3.4節1項）でしたので，これを各グループで調べます。

ポアソン分布は「一定期間内に平均λ回発生する事象」という情報が必要ですが，ここでは「購入頻度が少ない離反グループの購入回数」に対してポアソン分布を当てはめることができるため，「離反グループとした人数のうち，何人がこの30日間で購入したか」をλの値とします。

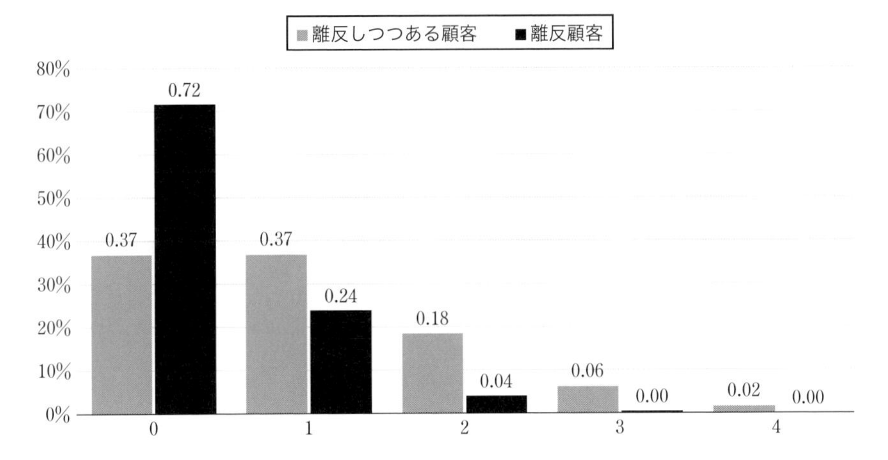

図3.56　離反グループへのポアソン分布の適用例

表3.12　図3.56のポアソン分布のデータ

【離反しつつある顧客】 先月，30日間で30人が購入（λ=1.0）		
回数（k）	k回起こる確率	累積
0	36.788%	36.788%
1	36.788%	73.576%
☆2	18.394%	91.970%
3	6.131%	98.101%
★4	1.533%	99.634%
5	0.307%	99.941%
6	0.051%	99.992%
7	0.007%	99.999%

【離反顧客】 先月，30日間で10人が購入（λ=0.33）		
回数（k）	k回起こる確率	累積
0	71.653%	71.653%
1	23.884%	95.538%
☆2	3.981%	99.518%
3	0.442%	99.961%
★4	0.037%	99.997%

離反しつつある顧客グループと離反顧客グループのλをそれぞれ1.0，0.33とすると，**図3.56**，**表3.12**のようになります。ここから読み取れることは，離反しつつあるグループが安定顧客グループと同じ30日間に2回購入する確率が約18%であるため，「このグループの18%に当たる人数が，安定顧客になる可能性がある」ということになります。優良顧客になる可能性も同様に，約1.5%と読み取ることができます。逆に0回購入，つまり離反顧客になる確率が約37%あるため，この割合で離反顧客になる可能性がある，ということです。離反顧客グループも同様の読み取りを行うと，離反顧客のままが全体の約72%，これより再度

購入する確率が約28%ということがまず読み取れます。安定顧客になる可能性が全体の約4%，優良顧客だと約0.04%のようです。もう少し踏み込んで考えると，「離反顧客が次回購入すると，約13%の確率で優良顧客になる可能性あり」ということも読み取れるため，計算結果を比較すると「どのグループからどのグループへの移動が起こりやすいか，起こりにくいか」が推測できますし，さらにそこから注視すべきグループの優先順位を決めることもできるでしょう。

以上の例は，あらかじめグループ分けができている前提でした。顧客をグループ分けできていないケースについて，次のようなポアソン分布の活用例を紹介します。

データから「過去90日の購入者2,000人の平均購入回数が「1.05回」だった」ということが判明した場合，$\lambda=1.05$としたポアソン分布は**図3.57**，**表3.13**のようになります。

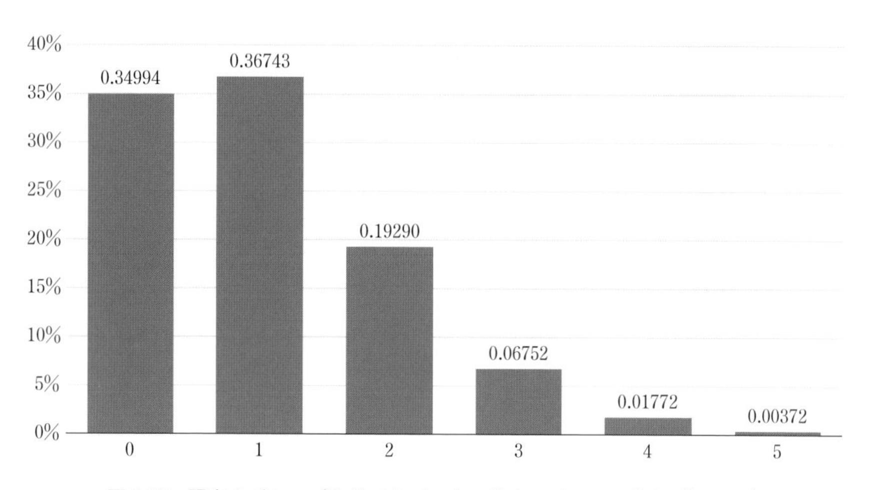

図3.57 顧客をグループ分けできていない場合のポアソン分布（$\lambda=1.05$）

表3.13　図3.57のポアソン分布のデータ

過去90日の購入者2,000人の購入回数を調べたところ，平均購入回数（λ）が1.05回だった			
購入回数（30日換算）	k回購入する確率	累積	予想人数（人）
0	34.994%	34.994%	699.9
1（0.33）	36.743%	71.737%	734.9
2（0.67）	19.290%	91.028%	385.8
3（1.0）	6.752%	97.779%	135.0
4（1.33）	1.77230%	99.551%	35.4
5（1.67）	0.37218%	99.924%	7.4
6（2.0）	0.06513%	99.989%	1.3
7（2.33）	0.00977%	99.999%	0.2

この店舗で購入する顧客2,000人が次の90日間も同じような発生確率だと仮定すると，リピートしない確率が約35%なので，約65%に当たる1,300人がリピーターになりそうだ，という推測が可能になります。また，初回購入がこの90日間のいつであったかを一旦考慮せず回数のみで見ると，「それぞれの顧客グループに何人該当しそうか」の推定値を計算することもできます。(**表3.14**)

表3.14　ポアソン分布を用いた各グループの推定値

購入回数（30日換算）	想定グループ	k回購入する確率	予想割合（%）	2,000人あたり予想人数（人）
0	離反顧客	34.994%	71.7%	1434.8
1（0.33）		36.743%		
2（0.67）	離反しつつある顧客	19.290%	28.2%	56.7
3（1.0）		6.752%		
4（1.33）		1.77230%		
5（1.67）		0.37218%		
6（2.0）	安定or優良顧客	0.06513%	0.075%	1.5
7（2.33）		0.00977%		

RFM分析は深く解析する際，まず初めに整理するための使いやすいフレームワークです。今回は取り上げていませんがMonetaryに着目してグループ分けする方法など，他の観点から顧客グループを考察することができそうです。大事なのは，「確率分布の考えを取り入れることで，単純な集計結果についても活用の幅が広がる」ということです。

まとめ

分析手法は，本章で取り上げたもの以外にもさまざまありますが，ビジネスの現場で特に使いやすそうなものを紹介してきました。本章で解説した各手法の基本的なところを押さえれば，発展的な手法も学びやすくなると思います。巻末の参考文献を参照したり，用語を調べたりして，知識を深めつつ自身のビジネススタイルに合った手法を取り入れ，ビジネスの現場でのデータ活用に繋げていくことを期待しています。

第 4 章

実務への適用メソッド

本章では，著者自身の実務経験を踏まえながら，実際の現場で使ったメソッドについて紹介します。

4.1節では，「顧客の捉え方・考え方」のメソッドにより分析対象を設定し，どのように分析へ移ったのかを紹介します。

4.2節では，サブスクリプションサービスの契約者数の推移を確率を用いて整理し，ベイズ更新による「本来の退会確率」の推定までつなげたケースを紹介します。

4.3節では，データが顧客に関するものではなく，従業員に関するものであったケースの話題です。従業員のデータのケースとして，「分析対象が従業員の場合」と「従業員の意見」の2つの事例を用意しましたが，前者は従業員の退職についてデータ分析する際に起こった事例を，後者は従業員のカンと経験の活かし方について紹介します。

最後の4.4節では，ビジネスデータ分析を実行するにあたってよく生じるさまざま問題に対して，その対処アイデアをいくつか紹介します。

4.1 「なぜ売れるのか・誰が買うのか」を探る

ビジネス戦略において「利益を向上させるには，どうすればよいか」を考える視点として，主に2つの立場があります。1つ目は「売上を伸ばす」という視点，2つ目は「損失を減らす」という視点です。具体的にどのような戦略を取るか，を考える際は両方の視点から仮説を立て，時間や労力といった資源のバランスを見ながら施策を絞り出すことになります。もちろん，売上さえ伸ばせばよい，といった偏った戦略を短期的にとるのも間違いではありません。重要なのは「売上を伸ばす」と「損失を減らす」といったように，大雑把に見れば「物事はたいてい2つの視点で見ることができる」という点であり，その2つの視点それぞれの立場から問題を見ることで戦略のバリエーションが広がる，ということです。

厳密にいえば，常に「2つ」ということはなく，例えば「現状維持で何もしない」を加えれば3つになり，とり得る選択肢は4通り（売上重視，経費抑止重視，その両方，いずれも選択しない）に増えますが，ことビジネス現場でのデータ分析を想定した場合，「物事はたいてい2つの視点で見ることができる」という観点は実務上，非常に有効です。

この観点は，分析の目的を聞いた段階やデータを見た段階のように，早い段階から意識すべきものであり，ときとして二項対立ともなり得ます。商売において「さらに売上を伸ばそう」と考えたとき，興味の対象は「なぜ売れたのか・買ってくれたのか」という部分に焦点が当たることが多々ありますが，その時点で「買わない人は，なぜ買わないのか」という観点も背後に存在していることになります。二項対立の観点だと，「どのような客が買うのか」「どのような客が買ってくれないのか」という2つの見方になります。もし，商品が20代によく売れているとすれば，あまり買わない年代は10代，30代，40代，…と属性情報で見れば単純な二項対立にはなっていませんが，少々強引に「支持者 vs アンチ」という切り方をすれば二項対立と見ることできますし，相反する2つのグループに分けることで自動的に買ってくれない理由を探索する下準備にもなるため，二項対立の観点をもっておくことは後々の仮説構築に役立ちます。

1 二項対立を図で考察

二項対立の観点をもつというメソッドについては，イメージとともに解説を進めたいので，**図4.1**のように図示によって考察を進めます。なお，正確な表現ではないのですが，ベン図（3.5節1項の**図3.42**）のように集合を表す図ということで，**図4.1**（や，それを拡張した図）を，以下では「ベン図」と呼ぶことにします。

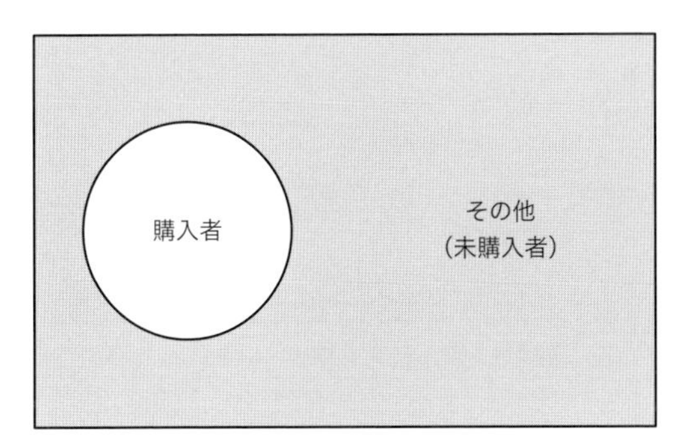

図4.1　購入者vs未購入者のベン図

まず，商品やサービスを購入または利用した顧客がいるということは，当然購入しない顧客も存在します。**図4.1**では，「購入者とその他（未購入者）に分けた」ということを表現しています。この商品やサービスについて分析を行おうとする際，購入者についてのデータが収集できているため，対象となる集団（集合）は購入者であり，未購入者は分析の対象外ということになります。なお，実際の人数規模を図にしてみると，国内でも地域内でもかまいませんが，全体が全消費者になるため，購入者の集合はかなり小さいことは簡単に想像がつきます（**図4.2**）。

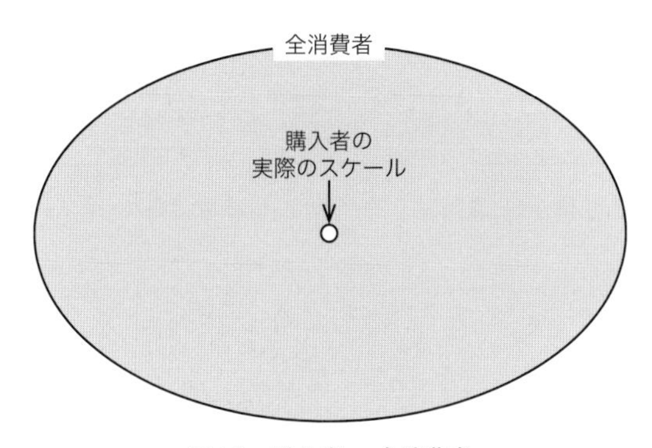

図4.2　購入者vs全消費者

実際は未購入者のスケールがかなり大きい，ということを確認したら，再度購入者の集合に着目します[†]。

購入者は「興味をもって購入してくれた」と考えられるので，「商品サービスの支持者の集合」であると考えます（**図4.3**）。

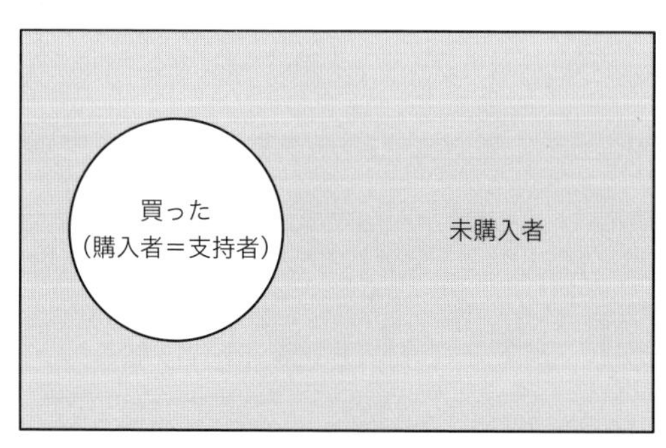

図4.3　購入者（支持者）vs未購入者

ここで，二項対立の観点を取り入れます。購入者は興味をもって購入しましたが，「絶対に興味をもってくれない集合」つまり「絶対に購入しない集合」もいる，としてベン図に配置してみます。商品を買うか買わないかでどちらの集合に属するかが決まるため，それぞれの集合には重なる部分がありません（**図4.4**）。

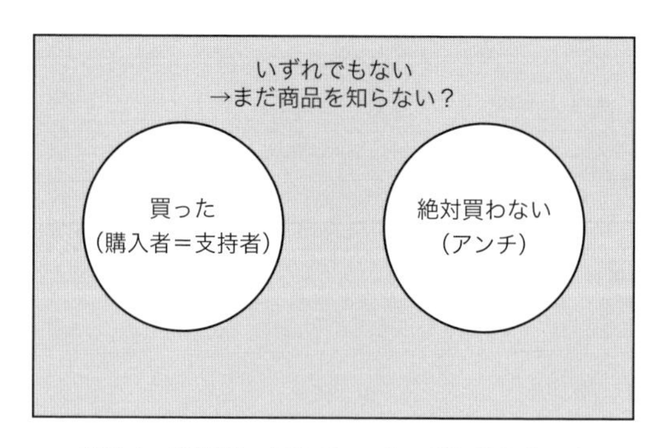

図4.4　支持者・アンチvs「いずれでもない」

† なお，世界規模のビジネスを展開する企業であれば，購入者の規模が（相対的に）大きくなる場合もあります。

なお，2つの集合は「買った」「絶対買わない」と名付けていますが，それ以外の部分は「いずれでもない」に属する人がいることに注意してください。全体のスケールを思い出してみると，この部分は実際はかなりサイズが大きいものです。つまり，「そもそも自社商品サービスを知らない消費者がほとんどである」ということです。

しかし，**図4.4**は現実を正確に反映しているわけではありません。商品やサービスの購入に至る（あるいはアンチとなる）には，その商品やサービスを認知する過程があります。これを踏まえると，「いずれでもない」集合には，商品を認知していながら買わない人もいることがわかります。そこで，**図4.4**はさらに**図4.5**のように表すことができます。

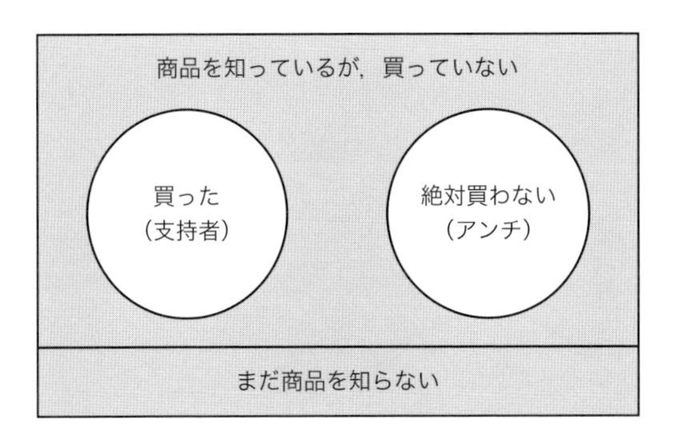

図4.5　支持者・アンチvs「知っているが買っていない」・「まだ知らない」

「まだ知らない」の部分については，実際は規模がかなり大きいと思われますし，分析の目的が認知度の向上といった購買前の状態に興味がある場合は重要ですが，今回は「なぜ買ってくれたのか」という部分に興味があるため，「まだ知らない」の部分は，今回は考慮しなくてもよい，つまり除外してもよいものとします。

次に，商品は「知っているが買っていない」の部分について，これをさらにどう分けられるかを考えます。すると，商品を「知っていて，いずれ購入する人なのかどうか」が考えられるので，この分け方で残った部分を分割します（**図4.6**）。

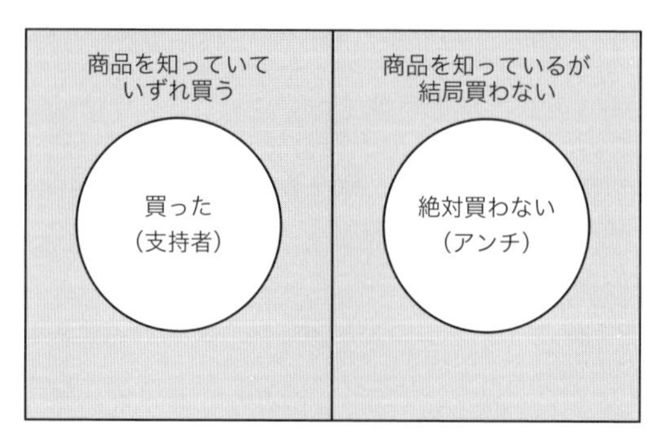

図4.6　支持者vs「知っていていずれ買う」・アンチvs「知っているが結局買わない」

「いずれ購入するのかどうか」という視点でグループ分けしましたが，商品やサービスによっては，さらに「将来，購入するのかどうか」は既に購入している集団にもいえるでしょう。つまり，「2度目の購入はあるのか＝リピーターになるのかどうか」という分け方を行ってみます（**図4.7**）。

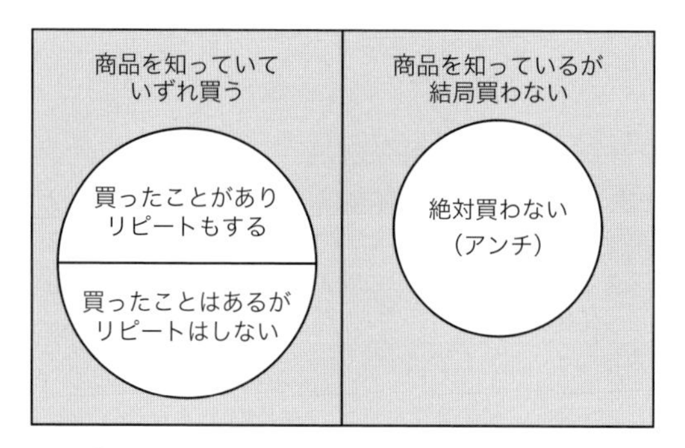

図4.7　「知っていていずれ買う」・「買ったことがある」・
アンチvs「知っているが結局買わない」

これで，「なぜ買ってくれたのか」という興味から二項対立を徐々に細かく設定し，整理していくことでさまざまな消費者のグループ分けができました。

「なぜ買ってくれるのか，何が購入の要素になっているのか」について探索的なデータ分析を行う際，「購入者と非購入者」という分け方だけでアプローチすると，結果的に後々の深い考察まで到達できなくなってしまいます。今回のように早い段階でベン図をイメージし，二項対立の観点で全体を切り分けていくことで，分析の着眼点にバリエーションをもたせることができます。

このように整理して見てみると，そもそも「売上を伸ばす」といった目的にあるビジネスの現場において，購入者の購買データや購入者から収集したアンケートは，顧客となり得る集団全体からすればほんの一部分から収集したデータでしかないことが確認できます。これは「いかに効率良くそれぞれの集合（分割した部分）から情報を得るか」，また「いかに少ないデータで購入者以外の集合を推測するか，が求められる」ということを意味しています。

ここまでが，いわば「分析対象となる集団の把握」です。これは，分析の対象になるのはどの集団なのか，を確認できた段階です。その後，分割した部分のうち興味のある部分「リピートする・しないの両者にはどのような違いがあるのか」について，データを用いて分析作業に進みます。今回のケースだと，購入履歴データや顧客に関するデータがあるのならリピートするかどうかで決定木分析を行ったり，さらに細分化したい場合は主成分分析やクラスター分析を用いて深掘りすることになります。ほかにアンケートデータがあるのなら購入するかどうかのロジスティック回帰や，データが大量にあるのなら機械学習を試すのもよいでしょう。

分析手法を駆使することで最終的に何かしらの結果が返ってきますが，最後は結果を考察し，仮説を考える作業に移ります。

2 想像力や推理力を発揮するポイント

ところで，そもそも分析結果は準備したデータ項目（説明変数）以外の情報を吐き出すことはありません。主成分分析や因子分析により新たな軸が露出することはあっても，データを準備していなかった部分の分析結果まで生み出すことはあり得ません。結局のところ分析者（もしくは分析チーム）が分析結果から読み取れる情報や想像力，ヒアリング内容と分析結果からの推理によるところが大きく，これが仮説などアウトプットの質，レポートの説得力に直結します。そこで，この想像力や推理力をしかるべきタイミングで発揮するためのポイントについて解説します。

◎ 顧客は自社ほど情報をもち合わせていない

まずは，商品やサービスに関する知識について売り手と買い手の間には格差がある，という「情報の非対称性」を考慮すべき，ということです。情報の非対称性は一般的に，買い手側から見たネガティブな例（企業だけが知っている消費者にとって不利な情報は，消費者は知る由もない，という類の例）が多いですが，ここではポジティブな情報も含んだ意味での情報を指します。現実的なケースで考えると，「商品やサービスのポジティブな情報がしっかりと消費者に伝わって，認知されているのか」ということです。プロモーション活動により，自社商品サービスのメリットは顧客に対し訴求できているものとすると，「自社商品サービスの購入者はそのメリットにひかれ，また競合がある場合はそのメリットが最終判断の根拠，決め手となっている」と想定されます。しかし，これはあくまで企業側からの一方的な観点であり，自社が意図したメリット（もしくは強み）の情報が伝わったうえで購入に至っているのかどうか，については購買記録という結果だけからは読み取れません。これは購入しない消費者についても同様に当てはまるので，自社商品サービスの至らない点（もしくは弱み）が購入しない理由であるとも限らないのです。購入したかどうかまでの過程は，まさに「未知なる部分」なのです。

この未知なる部分をできるだけ拾うため，アンケートやヒアリングで工夫を凝らします。例えば，来店した顧客にはそのきっかけ，購入した顧客にはメリットやデメリットと思われる項目について満足度アンケートをとったり，そもそもの認知度を調査することを計画するなどします。深い考察に進むためには自社と消費者との商品サービスに対する認識のズレ（ギャップ）を埋めることが求められる，ということです。

◎ 想定した顧客層が購入しているのか

商品やサービスにはコンセプトがあり，利活用のシーンにおいて特定の属性(年代や性別，ライフステージなど）を想定しているものです。購入者についての情報をまとめた単純集計結果を確認すると，おおよそターゲットとしたグループが多く，そのグループが中心となって周囲に散らばっているような結果になっていることでしょう。単純集計の時点で全く想定外の購買層が目立っている場合，売上が目標をクリアしていれば，プロモーション活動の戦略を見直すための時間や予算を費やす余裕もあることでしょうから，大きな問題にはなりません。問題は，目標や想定値にも届かず，購買層も全く想定の範囲外のグループが多い，もしくはばらつきが大きいケースです。この場合，そもそも「商品やサービスが想定した顧客層のニーズに応えているのか」というレベルの調査と，「想定した顧客層に認知されていないのか」というレベルの調査が必要となります。

例えば，次のようにします。

「商品やサービスが想定した顧客層のニーズに応えているのか」の調査例

例1 年代ごとのアンケートを因子分析し，潜在ニーズを調べる。

…自社商品やサービスのメリットはその年代のニーズに的確に応えて，ベネフィットを満たすことができそうか？

例2 年代や性別といった属性情報をアンケートを含めて主成分分析を行ったとき，主成分に属性情報が強く関係しているかを調べる。

…商品やサービスには，そもそも年代や性別は関係ない，重要視するに値しないのかもしれない。

「想定した顧客層に認知されていないのか」の調査例

例3 商品やサービスが顧客の印象に残っていない可能性を確認する。

…印象に残らないパッケージ，PR戦略が失敗している，他社商品やサービスと酷似するネーミングなど，印象付けのどこかに問題があるため，商品やサービスの満足度とは違うタイプのアンケート，調査を検討する。

その他の可能性としては，「顧客が検討する場面で競合に高確率で負けている」ということです。この場合，他社商品やサービスと比較する形のアンケートなどが求められます。

最後に，「未知のもの」は分析によって新たに判明する事柄も多く，しかも限られた時間で解析を行う必要があるため，「手もちのデータからすぐに実行できそうな分析から先に行っていく」ということが重要です。

例えば単純集計が終わった段階で，そもそも購買データであれば「商品を知っていて，少なくとも1回は購入したことがある顧客のデータが手元にある」ということは確定しています。もし「売上向上には20代以下の女性がカギになっている」という仮説が考えられるのであれば，「性別（男・女）」×「年齢（20代以下・それ以外」の4クラスターある，としてクラスター分析を行ってみます。結果を見て，それぞれのクラスターが想定した組合せ（性別と年齢）に近いかどうかを見るだけで，おおよそ先程の仮定は現実に近いかどうかを見積もることができます。

調査で気を付けるべきこと

自社の商品やサービスを購入する顧客に関する調査は，一般的に自社が保有する購入履歴などのデータから広げていきますが，後々他社との比較調査にまで及ぶ可能性も十分にあり得ます。その際，まず大前提として「自社の商品やサービスの特性を客観的に理解すること」は絶対です。そして，顧客は「その商品やサービスを知っているかどうか」，「購入者かどうか」，「リピーターになるほど満足度が高い購入者かどうか」と分割することができて，手もちのデータがこのうちどの範囲をカバーしているのか，の確認ができます。これらをしっかりと把握しておくことで，売上向上といった目的達成にデータを活用するためにはどの部分に着目すべきか，追加でどのようなデータを集めなければならないか，現状どのような想定を超えた事象が発生しているのか，といった部分が見えるようになり，その後の分析作業工程で実りあるパフォーマンスを発揮することが期待されます。データを手にした段階からこのような観点をもっておけば，最終的な仮説の質を上げることにも，手戻り（前の工程に戻ってやり直し）を減らすことにもつながるでしょう。

4.2 サブスクリプション商材をどのように考えるか

サブスクリプション方式（いわゆるサブスク）は，近年よく見られるようになったビジネスモデルであり，いわば「定額制サービス」のことです。音楽や動画配信サービス，ソフトウェア，電子書籍などさまざまな商材でこのサービス形態を見ることが多くなってきました。

サブスクリプション商材で売上を伸ばすことを目的とする際，企業の興味の対象は「いかに契約してもらえるか」「いかに継続してもらえるか」でしょう。今回は特に後者の「いかに継続してもらえるか」について，データ分析を駆使したアプローチ方法を考えます（なお，前者については「契約するかどうか」つまり「購入するかどうか」なので，4.1節で解説したアプローチで考えられます）。

サブスクリプションの形態を確認する

ここではまずサービス利用者の目線から，一般的な月額支払型サブスクリプションの形態について考えます。サービスを申し込むと，契約した月（初月）からサービス利用が始まりますが，翌月以降，利用者の選択肢は「継続利用」か「退会」で，今回は一時的に利用を停止する「休会」の措置もあるものとします。すると，「利用者は毎月，3つの選択肢から状態を選んでいる」と見ることができます。

図4.8は3か月目までの例です。一人一人の購買行動が「継続利用・休会・退会」の3通りになるので，その「移り変わり方」を確認します。初月は利用開始から始まりますが，継続利用以外に考えられる可能性として，翌月は休会というパターンがあります。休会状態になると，そのまま退会する可能性が高そうです。もちろん，継続利用に復帰する可能性もあるため，休会からは継続利用，休会，退会それぞれに矢印を引くことができます。次に退会ですが，退会すると基本的にはサービス利用自体が終了となります。ただし，また利用開始になるケースも考えられるため，継続利用に矢印を引いておきます。なお，「退会してから休会になる」というのはあまり現実的ではないため，退会から休会には矢印を引きません（ごくまれにそのように復帰できるパターンもあるかもしれませんが，ここでは考慮しないことにします）。

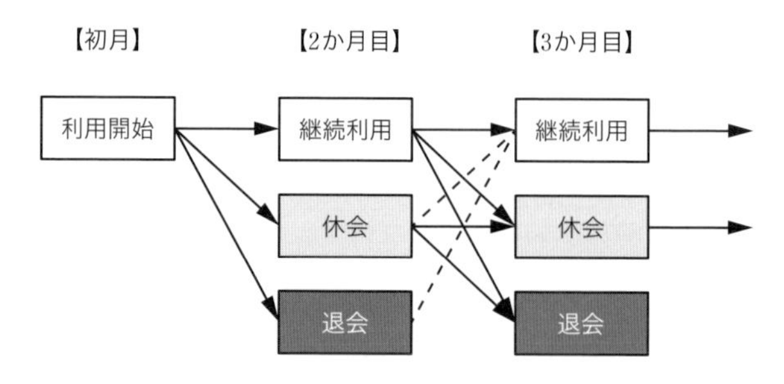

図4.8　サブスクリプション商材の顧客の選択肢

この「継続利用・休会・退会」という状態の移り変わりは，**図4.9**のようにまとめられます。矢印の太さは通常考えられる可能性の大きさを表し，企業にとって，黒色の矢印は望ましくない移行，白は望ましい移行，破線はあまり発生しなそうなパターンとしています。

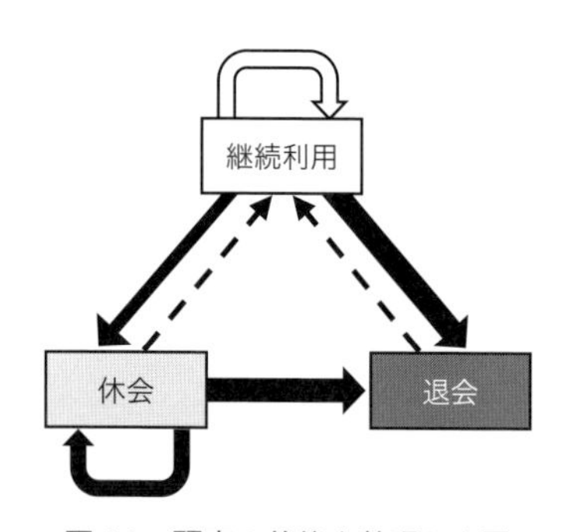

図4.9　顧客の状態を整理した図

利用者一人一人の状態の変化は「毎月行われる状態の選択」つまり「購買行動」と読み取ることができるため，まず各月に初めて利用開始した顧客が「新規入会者」，各月に退会した顧客が「当月退会者」，各月に休会した顧客が「当月休会者」になります。そして，先月に引き続き継続利用している顧客が「継続者」になり，月末時点の利用者数が翌月に引き継がれる形になります。

● 顧客の状態の移り変わりを整理する

一例として，4月から新しく開始したあるサブスクリプションサービスの利用者数について詳細に整理したものを，**表4.1**に示します。

表4.1　4月からサービス開始したサブスクリプション商材の集計表

先月より	継続者数	-	100	320	461	643	…
	休会者数	-	0	10	14	17	…
		4月	5月	6月	7月	8月	…
新規入会者	当月入会者数	100	250	180	200	320	…
休会者	当月休会者数	0	10	15	16	20	…
	休会から復帰	0	0	1	3	5	…
	休会から退会	0	0	10	12	15	…
退会者	当月退会者数	0	20	25	5	40	…
月末時点	当月末利用者数（継続者数）	100	320	461	643	908	…
	当月末休会者数	0	10	14	17	17	…

この表から当月の入会者数や状態が変化した人数を読み取ることができますし，月末時点の継続者数や休会者数により各月それぞれの状態が何人いるのか把握が可能です。しかし，集計後の記録であるため，「継続率はどれくらいか」といったことは簡単に読み取れません。そこで，ある月（今回は4月）からサービス利用を開始した顧客に絞って取り上げてみることにします。

図4.10では，4月にサービス利用を開始した利用者の開始3か月後（6月末）までの動きを抜粋してみました。ここで，休会に関する人数について読み取るときに注意点があります。6月末時点では休会者の累計は「18人」ですが，6月中に「休会を続ける・復帰する・退会する」を選択できる人数は5月末時点の休会者である10人であるため，休会から出る矢印の分母が「10」になっている点に注意してください。

対象者を4月にサービス利用開始（入会）した顧客に絞ることで，「4月にサービス利用開始した顧客は2か月経過して，何人中何人に状態の変化が起こったか」つまり「継続利用，休会といった状態が移行したのか」が判明します。

そして，当月の利用者数と休会者数がわかっているため，このうち何人の状態が移行したのか，つまり「4月入会者は6月末の時点で，どれくらいの割合で状態の移動が起こったか」という形で書き込むことができるため，これを「どれくらいの確率で状態の移動が起こりそうなのか」のように，確率として見ることもできるようになります。特にこのような状態の移り変わりのことを**状態遷移**，その確率を**遷移確率**，これらを表現した図を**状態遷移図**と呼びます。

4月入会者	継続者数	-	100	70
	休会者数	-	0	10
		4月	5月	6月
新規入会者	当月入会者数	100		
休会者	当月休会者数		10	8
	休会から復帰			1(※)
	休会から退会			5
退会者	当月退会者数		20	15
月末時点	当月末利用者数(継続者数)	100	70	47+1(※)
	当月末休会者数		10	(12)

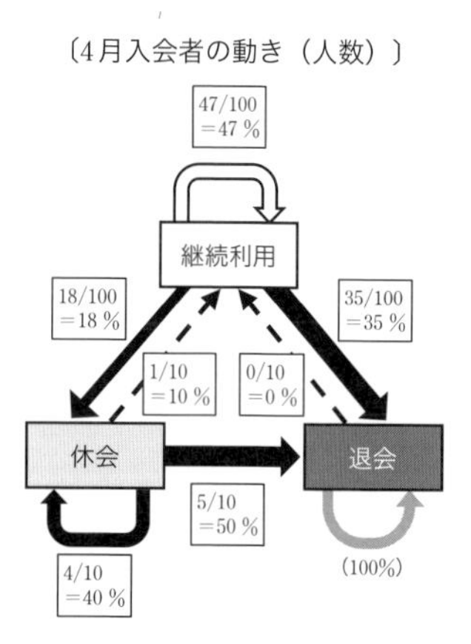

（※）の1人（休会から復帰した顧客）は，6月末時点の継続利用者数としてカウントしていない

図4.10 4月にサービス利用開始（入会）した顧客100人の推移

この状態遷移図（**図4.10**右：4月入会者の6月末までのもの）を見てみると，例えば4月に継続利用者だったAさんが5月も継続利用する確率は47％と考えることができます。2か月後の6月も継続利用者である確率は，Aさんが5月に休会または退会している場合を考慮しないといけないので，

- 5月も継続利用の場合…0.47×0.47≒0.221（ずっと継続する確率）
- 5月に休会している場合…0.18×0.10＝0.018（5月は休会で，翌月は継続利用に復帰する確率）
- 5月で退会している場合…0（退会してしまったので復帰なし）

これらは独立事象（同時に起こらない）なので，それぞれを合計して「6月に継続利用している確率は23.9％」となります。

状態が移り変わる確率が判明しても残る問題

上述のように，「それぞれの月に入会したユーザーが何か月経過後，どれくらいの確率で継続利用しているか」を求められることになります。しかしながら，このアプローチを実務で試行するとなると，次のような問題が起こります。

【問題①】 このアプローチだと，各月の入会者ごとに計算を行う必要があり，複雑すぎる

実際のところ，**図4.11**の「新規入会」のように利用者は毎月流入してくるため，

継続利用の部分には先月，先々月，…に入会した利用者が混ざっています。できればまとめて処理を行いたいところです。

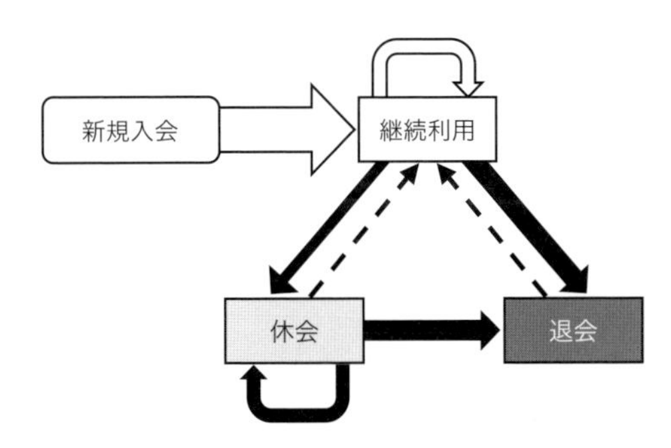

図4.11　実際は新規入会者が毎月発生

毎月の入会者それぞれの確率を求めるにあたり，たとえプログラムで計算を行ったとしても，時間が経つにつれて対象が多くなりすぎてしまい，考察や解釈に時間がかかってしまいます（1年経つと各月，12のパターンを見ていく必要が出てくる）。よって，「○月利用開始者の状態遷移図」はプロモーションを打った月やキャンペーン期間など特定のイベント時に入会したユーザーについて，「イベントが（長期継続など）優良顧客の獲得に効果があったのか」を調査する，といった場合に使えそうです。

今回の例で作成した状態遷移図（**図4.10**右）の矢印を見ると，「退会者に再度利用を開始するユーザーはいない，退会者は絶対に再度利用しない」ということになり，汎用的に使えるものにはなっていません。これについては「再契約者はもはや新規と同じだ」と考えてしまう手もありますが，そもそもこのような状態遷移図になった根本的な問題である「どれくらいの期間をサンプリングして状態遷移図を作ればよいのか」という疑問に対して明確な答えが存在しないので，別のアプローチを考える必要があります。

ここでさらに，次の問題を考えます。

【問題②】「“4月入会者の6月末まで”という期間だけ計算した確率が，全ユーザーに通用する確率と見なしてよいのか？　という疑問が残る」

つまり，「“4月入会者の6月末まで”という区切り方をしているのに，「未来を含めた全利用者の確率と見なしている」という点に疑念がある」ということになります。この疑念を具体的に説明すると「夏休みや冬休みのある8月や12月の入会者について，対象期間（4月から6月末まで）のデータで分析を行う」ということであり，違和感が生じやすい部分です。そこで，次のような考え方を用います。

- この商材には「本来の休会率や退会率＝本来の遷移確率」があり，これは一部のデータから推測できる

ここでいう「本来の遷移確率」とは，いわば「この商材のユーザー全員に当てはまる法則」のようなものです。入会者個人は，この「本来の遷移確率」に基づいて選択が決定される，という考え方になります。ここでは，具体例を用いてこのアプローチを解説していきます。

まず，先ほどの考え方では「休会・退会」とセットにしていましたが，やはり最も避けたい状態は「退会」であるため，今回は退会に絞ることにします。つまり，私たちの今最も興味のあることは「本来の退会発生率を推定したい」ということです。これを踏まえると，状態遷移図は**図4.12**のように修正されます。

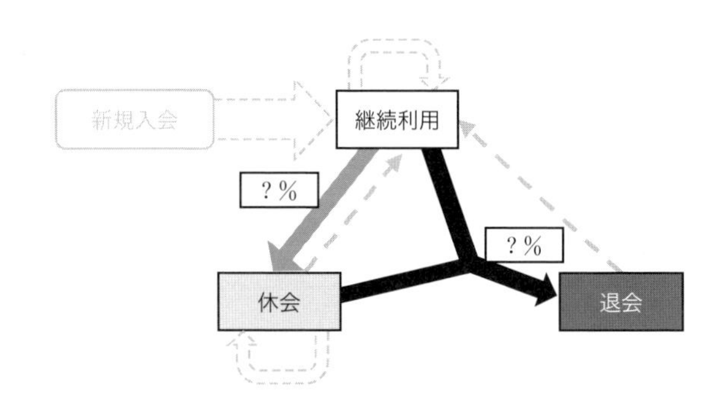

図4.12　退会者に着目した場合の状態遷移図

退会は継続利用者と休会者で発生する可能性があるため，企業は**図4.9**の黒い矢印部分に興味があることになります。そして，ここで求めたいのは黒い矢印の「本来の退会発生確率」（**図4.12**の黒い矢印の「？％」）です。

次に，休会者と退会者について4月から8月までの集計データ（**図4.13**）があるとして，その内容を見てみます。

まず大前提として，「入会した月は必ず継続利用で月末を迎える」つまり「入会した月は休会や退会に変化しない」とします。このルールだと，例えば5月の退会者は必ず4月末時点で在籍していた（退会していなかった）利用者となるため，5月末時点に判明する5月の退会発生率は，

	4月	5月	6月	7月	8月
	4月末時点	5月末時点	6月末時点	7月末時点	8月末時点
月末時点継続者数	100	320	461	643	908
当月，休会した人数	0	10	15	16	20
当月，退会した人数	0	20	35	15	55
当月の休会発生率	0%	10%	4.7%	3.5%	3.2%
当月の退会発生率	0%	20%	10.9%	3.3%	8.6%

図4.13 4月から8月までの集計データ

[5月中に退会した人数]÷[4月末時点で継続していた人数]
＝20÷100＝0.2（20%）

となります。休会についても同様です。集計データでは，この計算方法で各月の休会発生率と退会発生率を求めています。ざっと見てみると，4月入会者の退会率は20%と，この中では最も大きい値です。

サービス開始月である4月入会者はイノベーター層（3.6節3項）だと推測されます。この層はサービスに対する期待度が非常に高いユーザーが多いと思われるため，翌月すぐに退会したユーザーにとっては期待していたようなサービス内容ではなかったのかもしれません。アンケート回答結果がある場合，その内容を精査する必要があるでしょう。

逆に退会発生率が最も低いのは7月で，夏期休暇かその前に当たるため，6月末時点の利用者は長期休暇中に利用しようという考えがあるのかもしれません。データの月末時点継続利用者を見ると，8月末時点で大幅に増えている（つまり，7月の入会者が多い）と見て取れるため，やはり夏期休暇が意識される＝夏は入会者が増える，ということがいえる可能性も出てきました。このように単純な集計値からいろいろと読み取って仮説を立てることもできそうですが，今回は「本来の退会発生率の推定」が目的なので，このあたりに留めておきます。

ベータ分布を利用したベイズ更新によるアプローチ

本題に話を戻すと，この集計データさえあれば「本来の退会発生率の推定」が可能となります。その方法ですが，ベイズ推定でよく用いられる「ベータ分布」という確率分布を利用します。

ベータ分布を簡単に説明すると，まず今回のような「退会するかしないか」という事象について，「その確率がどれくらいと推測されるのか」がサンプル数不足などによりはっきりとしない場合，「これくらいの確率になる可能性が○%」といった，いわば「確率の確率」を表現したものになっています。もし，この退会確率が（現実的ではありませんが）はっきりとわかっている場合，それは「何人中，何人が退会する確率」がわかっていることになるため，「コインの表が出る確率が，はっきりと0.5とわかっている。コインの表が10回中4回出る確率は？」と同類の問題になり，二項分布を利用して解くことができます。二項分布は起こる結果が2つしかない試行（ベルヌーイ試行という）について，試行回数をn回，ある事象が起こる確率をp，回数をk回とすると，n回のベルヌーイ試行のうちk回そうなる確率は

$$ {}_n\mathrm{C}_k p^k (1-p)^{n-k} $$

という式で計算できます。そして，本節では「試行回数n回＝利用者n人」「そうなる回数k回＝退会者k人」という当てはめ方を行うことで，「○人が退会する確率は？」という問題としてアプローチできるのです。

そして今回のような「コインの表が出る確率が0.5」の部分がわからない場合，この確率がどのくらいなのか，について推定する場面で「ベータ分布」が利用できます。ベータ分布は2つのパラメータαとβで表現され，

$$ \mathrm{Beta}(\alpha,\ \beta) $$

と書かれることが多いです。αは成功回数，βは失敗回数のことで，「成功＝あることに当てはまる」「失敗＝あることに当てはまらない」と考えると，今回の例だと「α＝退会になった人数」「β＝退会にならなかった人数（＝継続利用者数と休会者数）」となるため，今回の例に当てはめて使うことができます。

ベータ分布が利用できそうなことがわかったので，ベイズ推定の考えを用いて「本来の退会発生率」に迫りましょう。今回のデータ（**図4.13**）は4月から8月の5か月分，初月である4月は休会や退会が発生しないので実質4か月分しかありませんが，このデータについて次のように考えます。

【集計データの捉え方】 4月に最初のデータが手に入った。5月になり,「新たなデータが手に入った」と考える。つまり,5月から8月の4か月分のデータについて「4回,新しいデータが観測された」と考える。

コイン投げのような例では,「あるコインの表が出る確率は常に0.5だ」としても何ら問題はありませんが,今回のような現実の例では「ある利用者の退会確率は常に○%だ」と考えるのは不自然です。そこで,「毎月確率が変化するサンプルである,と考える」つまり「毎月新しいサンプルを取り出している,という状況に似ている」と考えて,「4回新しいデータが観測された」という状況にある,とします。これで,個人の過去の状態(何か月利用継続しているのか,休会だったのか)にかかわらず,「このサービス利用者の,本来の退会確率」を推定することになります。

さらに,ベイズ推定では分析を行う前の情報,平たくいうと事前にもち合わせているカンと経験を計算に組み込むことができるのです。今回の例は次のような設定だったとします。

【事前にもち合わせているカンと経験】 当初,過去のいろいろな経験から「退会する人は100人に1人くらいだろう」と考えていた。

これはベイズ推定でいうところの「事前確率」に相当します。この情報から,退会者が発生する確率を推測するためにベータ分布を用いると,ベータ分布のαとβはそれぞれ,

[退会する人:α]$=1$
[退会しない人:β]$=100-1=99$

つまり,Beta(1,99)となります。

これでひととおり情報が出そろったので,**表4.2**のとおり整理します。

ここからは,ベータ分布を使って「本来の退会確率」を推定する作業に入ります。具体的な方法は,「ベイズ更新」という計算処理により,本来の退会確率に迫ります。ベータ分布のベイズ更新を式で表すと,次のようになります。

$$\mathrm{Beta}(\alpha_{\text{事後}}, \beta_{\text{事後}}) = \mathrm{Beta}(\alpha_{\text{事前}} + \alpha_{\text{新情報}}, \beta_{\text{事前}} + \beta_{\text{新情報}})$$

計算に使用する情報を集めると,**図4.14**のとおりです。

表4.2 退会，休会のまとめ

(a) 退会発生率

	4月	5月	6月	7月	8月
当月，退会になった人数	0	20	35	15	55
当月，退会にならなかった人数	0	80	285	446	588
当月，退会発生率	0%	20%	10.9%	3.3%	8.6%

(b) 休会発生率

	4月	5月	6月	7月	8月
当月，休会になった人数	0	10	15	16	20
当月，休会にならなかった人数	0	90	305	445	623
当月，休会発生率	0%	10%	4.7%	3.5%	3.1%

【当初】退会者は100人に1人くらいだろうと考えた → Beta(1,99)

※4月は使えない

	4月	5月	6月	7月	8月	Beta分布の
当月，退会した人数	0	20	35	15	55	α
当月，退会しなかった人数	0	80	285	446	588	β
当月の退会発生率	0%	20%	10.9%	3.3%	8.6%	→尤度

※観測されたデータが尤度に相当する

図4.14 ベイズ更新の準備

表4.3 ベイズ更新の計算例

	4月末時点	5月末時点	6月末時点
事前分布	開始初月なので退会は発生しない。(0人)	退会者は100人中20人と判明した。	退会者は320人中35人と判明した。
事後分布	Beta(1,99) ※退会者0のため変わらず	Beta(1+20,99+80) =Beta(21,178)	Beta(21+35,178+285) =Beta(56,463)

	7月末時点	8月末時点
事前分布	退会者は461人中15人と判明した。	退会者は643人中55人と判明した。
事後分布	Beta(56+15,463+446) =Beta(71,909)	Beta(71+55,909+588) =Beta(126,1497)

ベイズ更新に使うパラメータα，βは毎月観測された退会者数と退会しなかった人数，最初に使う情報は当初の仮説（退会率は0.01）です。これに沿って計算を進めると**表4.3**のようになります。

実際のデータから確率の移り変わりを確認する

数字だけではイメージしづらいため，ベイズ更新によりベータ分布がどのように変化していくのかを視覚的に見てみます。

まず，5月末時点，つまり新しい情報が1回観測された後に計算を行った結果，ベータ分布は**図4.15**のようになります。

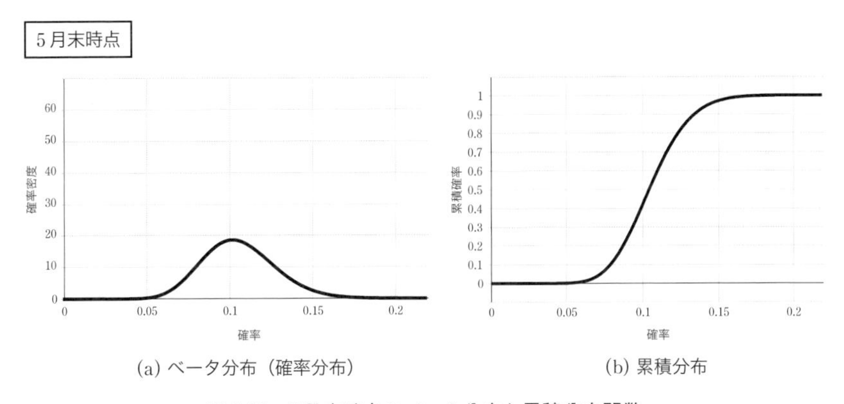

(a) ベータ分布（確率分布）　(b) 累積分布

図4.15　5月末時点のベータ分布と累積分布関数

図4.15(a)がベータ分布の形状です。ベータ分布の読み取り方ですが，横軸が「退会発生確率」を示しており，縦軸が「本来の退会確率がその値（確率）である度合い＝確率密度」を示しています。この図を見ると，5月末時点では「本来の退会確率は0.10の可能性が高いが，左右に広がっているので0.06とか0.17の可能性もありそう」という読み取り結果になります。

図4.15(b)は，ベータ分析の累積分布関数です。これは左のベータ分布を違う形で視覚化したもので，横軸が同じく「退会発生確率」，縦軸が「その退会発生確率になる確率を積み上げていった（累計していった）値＝累積確率」となっており，上限が100％である「1」です。この累積分布関数を見てみると，横軸が0.07あたりから右上がりになっており，これは**図4.15**(a)でいうと「退会確率が0.07あたりから，その確率である度合いが盛り上がっている」と同じことを表しています。

さらに，6月末までのデータで更新した**図4.16**も見てみましょう。

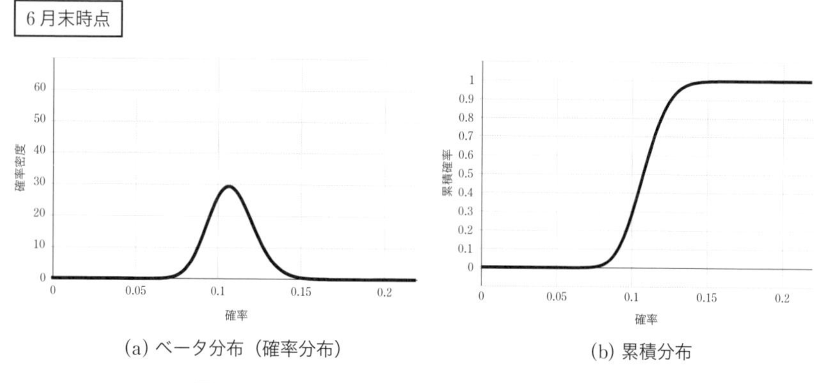

(a) ベータ分布（確率分布）

(b) 累積分布

図4.16　6月末時点のベータ分布と累積分布関数

先ほどの**図4.15**に比べて，**図4.16**(a)は鋭く，(b)は縦軸の数値の増え方が急になっていることがわかります。まず**図4.16**(a)を見ると，山の中心がやや右側（0.12あたり）に移動し，山の両端，つまり本来の退会確率の可能性としては0.08あたりから0.15あたりと，先ほどより範囲が狭くなっています。**図4.16**(b)を見ると，先ほどよりも傾斜が急になったように見えるため，このまま直角に近づいたとき，横軸のどのあたりが本来の退会確率なのか，が見やすくなりそうです。

これは，新しく観測されたデータ（情報）を入れることにより，本来の退会発生確率がどのあたりになるか，少しずつ絞れてきたことになります。

この調子で，8月末時点までのベータ分布の移り変わりを視覚化して確認します。**図4.17**に5月末から8月末までの移り変わりを全て配置しました。新しく観測された情報が入ってくるたび，つまりデータが更新されるたびに頂点部分が移動しつつ，山が鋭くなり，横軸の退会確率の範囲（グラフの山すその幅に当たる部分）も徐々に小さくなっているのがわかります。これを見ると，当初の予想退会率であった0.01（1.0%）は少なく見積りすぎていたようです。

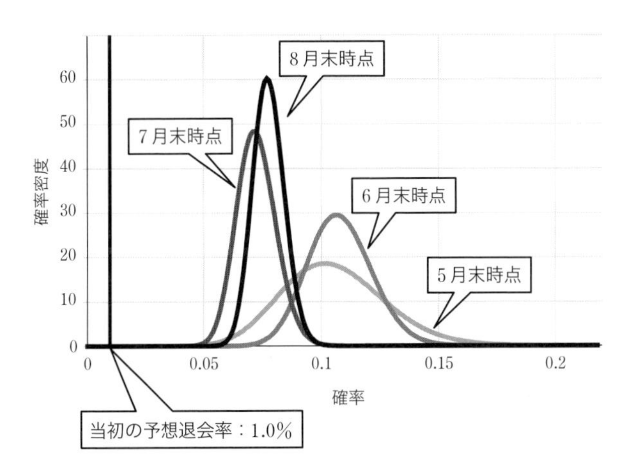

図4.17　8月末時点までのベータ分布の変化

◎ 更新されたベータ分布の実践的な読み取り方

ここで最後の更新を終えた8月末時点のベータ分布をピックアップしてみます。**図4.18**でわかるのは，「本来の退会確率として最も可能性が高いのは，7.7%」ということです。しかし，まだほかの（7.7%でない）確率である可能性も残されています。そこで，「○%の確率で，▲%～■%の間に真の確率（本来の退会確率）がある」という情報を探ります。ここで「○%」と「▲%～■%（範囲）」がわかると，「普通は○%の確率で退会率がその範囲内に収まる」という見方ができるようになり，いわば「通常起こり得る範囲，もしくは基準となる確率の範囲」とすることができるため，「次のプロモーションは基準の上限を上回ることを目標にしよう」「今月は基準を大きく下回ったから，何か問題がある」といったように，実務で使いやすい情報を取り出すことができるようになります。

今回は「80%の確率で，▲%～■%の間に真の確率（本来の退会確率）がある」という情報を探ってみましょう。アイデアとしては，

- ベータ分布で囲まれた部分の面積を「全体が100%」として，その80%（8割）がどの部分なのかがわかればよい

という方法です。最も可能性が高いのが山の頂点部分なので，その頂点を中心にして全体の8割の面積になる部分を探ります。これは両端から1割ずつ削る作業と同じことです。実際に図で表すと，**図4.19**のようになります（見やすくするため**図4.18**を拡大しているので，特に横軸の数値に着目してください）。

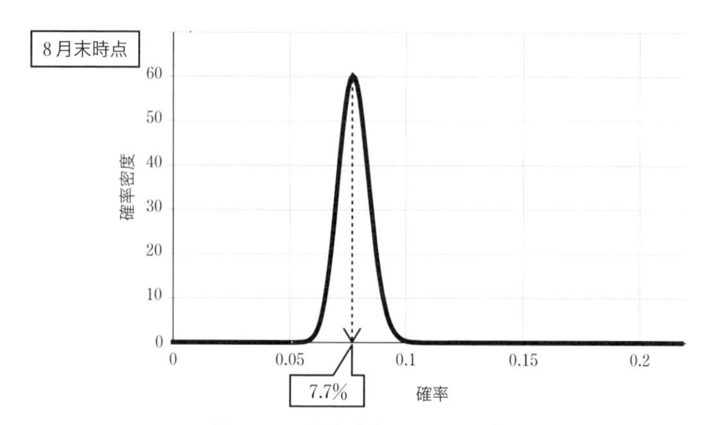

図4.18 8月末時点のベータ分布

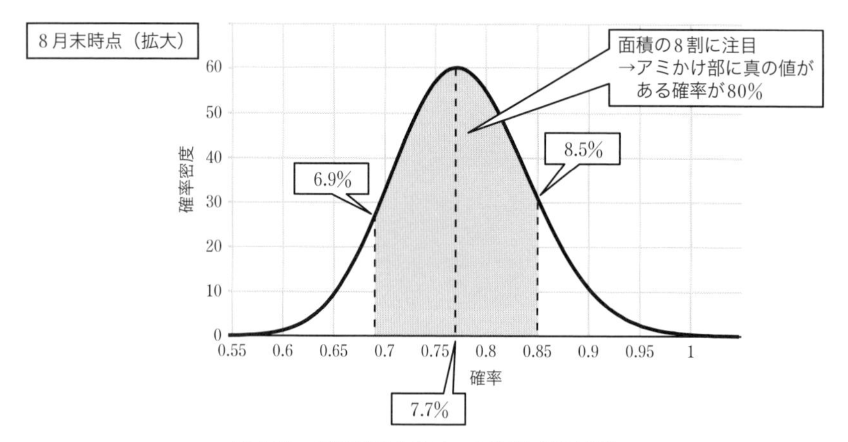

図4.19 8月末時点のベータ分布（拡大図）

アミをかけた部分が全体の面積の8割になります。すると，この8割の面積を表す領域の端の値（確率）が，「80%の確率で，▲%～■%の間に真の確率（本来の退会確率）がある」の▲と■の値になります。これら数値を**図4.19**から見ると，▲＝0.069（6.9%），■＝0.085（8.5%）となるため

- 80%の確率で，6.9%～8.5%の間に真の確率（本来の退会確率）がある

ということがわかりました。ここから，

- 退会率は6.9%を下回ることが目先の目標
- 退会率が8.5%を上回ったら，ただちに対策を打つべし

など，実務で使えそうな指標，目標が打ち出せそうです†。

ここで，このような「▲（6.9%）」「■（8.5%）」を手軽に見積もる方法を紹介します。それは，累積分布関数から読み取ることです。

ひとまず，各月の累積分布関数を見てみます。**図4.20**の全体を見ると，情報が集まるにつれてグラフの形状が直角に近づいていることがわかります。

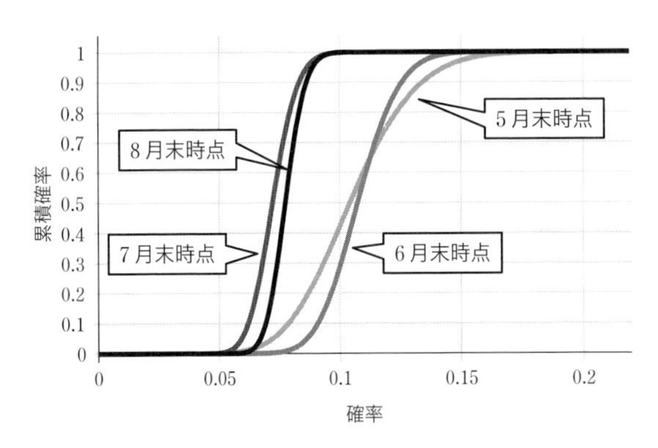

図4.20 8月末時点までの各月の累積分布関数の変化

さて，先ほどの「80%の確率で，▲%～■%の間に真の確率（本来の退会確率）がある」の読み取り方ですが，まずこの累積分布関数の縦軸は「0から1」になっており，「その退会発生確率になる確率を積み上げていった（累計していった）値＝累積確率」でした。これは「その退会確率になり得る可能性を全て積み上げている」ということなので，先ほどの「80%の確率で」という部分は，「縦軸の8割の範囲に収まる部分さえ見ればよい」ということもなります。こちらについても中心からの80%に当たる部分を見ればよいので，縦軸の0.9から上，0.1から下の部分を無視すれば，「80%（8割）の確率でいえる真の確率（本来の退会確率）の範囲」を絞り込むことができます。

図4.21では，参考までに5月末時点と8月末時点それぞれの累積分布関数を配置し，8割の範囲でない部分をグレーにして，縦軸である累積確率が0.9（90%）と0.1（10%）の部分に点線を引いてみました。すると，点線と関数それぞれの線が交わるところがあります。この交わるところは「0.1（10%）より大きくなるのは，横軸のどの値（確率）か」と「0.9（90%）より小さくなるのは，横軸

† この「▲（6.9%）」「■（8.5%）」の算出には積分計算が必要となります。

のどの値（確率）か」を示しており，これらの範囲が「8割（0.8）の範囲は，横軸の確率がどこからどこまでか」を表しています。この方法により，視覚化された累積分布関数を読み取ることで「5月末時点では8%付近（7.7%）～14%付近（13.5%），8月末時点だと7%付近（6.9%）～8%付近（8.5%）と見える。最初は退会率が10%以上になる可能性もあったようだが，どうやら8割方，真の退会確率は7～8%あたりだろうな」と，素早く見積もることができます。

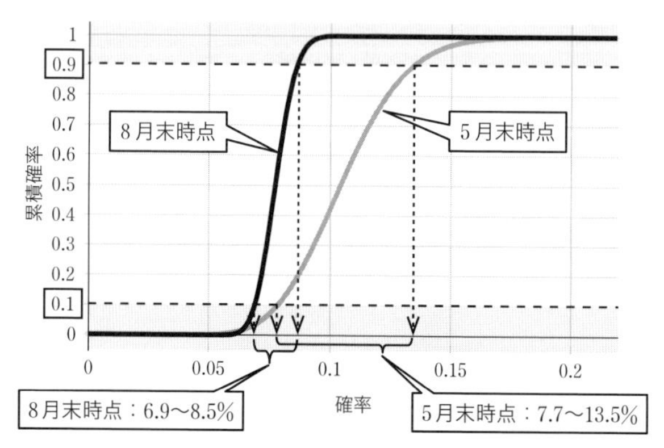

図4.21 8月末時点までの累積分布関数（累積確率が0.1～0.9の範囲）

以上が，特にサブスクリプションのような月額払いサービスでの問題や課題に対するアプローチの一例でした。サービス開始当初，かつ顧客アンケート回答結果などのデータがない場合，集計データから確率論の問題としてどのようなアプローチをとれるのか，についてベイズ推定の考えをとり入れた実践例です。もちろんアンケートのようなデータはもとより，数千，数万人分のデータが1年分，数年分あれば十分に統計的なアプローチが可能ですが，競合に勝つためには早い段階で客観的に，かつできるだけ正確に実態を把握し，対策を打つことが求められます。当然，サービス開始後の早い段階でデータを満足に集めることは困難です。たとえ事前にモニター調査などを行っても，実際の顧客とは大きなズレが生じる可能性もあるため，本格的にローンチ[††]してからは「いかに早く実態を把握できるか」というスピード感が求められます。つまり，**「いかに少ないデータで，見えない本質というものを推定するか」**という課題が与えられている状況に置かれることになりますが，今回の例のように確率論，特にベイズ更新を用いたアプ

†† 新しい商品サービスを世に送り出すこと。

ローチは一つの武器になります。

補 足

サブスクリプションや月額制サービスの利用者には「現状維持バイアス」が働いている，という考えができます。これにより，「早期退会者だけでグループ化し，ある程度時間が経過した後に退会したユーザーとは異なる集団である」とする方法もあります。早期退会グループについては利用状況などのデータ量が少ないので，退会の原因を探るためには「会員情報を（個人情報保護の観点から許される範囲で）詳細に収集する」「早い段階でアンケートを収集する」などの工夫が必要となります。対して長期利用者グループのうち退会したユーザーについては「現状維持バイアスを打ち破るほどの理由があって退会した」と考えられるため，早期退会グループとは別の理由があるとして仮説を設定し，退会理由を探索するアプローチをとるのが適切でしょう。

補 足

状態遷移図を見たとき，「マルコフ過程と考えられないか？」というアイデアが浮かんだ読者の方もいるかと思いますが，よくあるアプローチである「一般項を求めて極限を計算する」という段階でうまくいかなくなります（極限を計算してもうまく収束せず，退会→継続・休会など部分的に数値を設定して極限を求めても，退会が1や＋∞になる）。

マルコフ過程は「次の状態は過去の挙動によらず，現在の状態によって確率的に決まる」というものですが，実際は，上の補足で取り上げたような現状維持バイアスの影響が無視できず，「過去の挙動によらず」という部分がマッチしていないため，実際のデータへの適用が難しくなるからです。

また，今回の例は現実的な状態の変化として「退会すると休会には戻らない」「退会すると利用継続にならない，またはかなり低い確率」としているところも，天気の移り変わりのようなマルコフ過程による計算アプローチで解けない理由となっています。これらの理由により一般項を求めて極限を計算しても現実的な結果が返ってこないため，マルコフ過程と考えても，それはあくまで「状態を整理するのに使えるツール」であり「永久に使えるツール」には至りません。よって，マルコフ過程と考えて調べる場合は「直近2～3か月の確率を調べる程度」に留めておくのがよいでしょう。

4.3 従業員に関するデータの活用法

ビジネスの現場におけるデータ分析の対象は，顧客だけとは限りません。社内のデータ資源としては「従業員に関するデータ」も存在します。従業員に関するデータには，まず共通して年齢，性別などの属性情報に加え，役職や勤続年数，出退勤記録といったものが考えられます。さらに，評価や目標管理に関する記録，面談記録など評定に関係する記録や，アンケートなど従業員満足度（ES）を測定した記録もあることでしょう。いま列挙した各項目は，列挙した順に客観的なものから主観的なものである，と考えられます。今回は，これら従業員に関する各種データをうまく利用する方法を紹介します。

従業員に関するデータを使って分析を行う目的でまず考えられるのが，社内の問題解決や課題解決を目的とする「従業員が分析対象となっているケース」です。前半ではこちらを解説し，後半では「従業員データを分析の材料とするケース」について解説します。後者は，ここまで取り上げたような購買分析などの分析作業に，社内資源である従業員データを活用するテクニックになります。

1 従業員が分析対象となっているケース

企業が抱える課題といえば「退職者を減らすには」をよく耳にします。これに関連して「内定辞退を減らしたい」「退職しそうな従業員を察知したい」「モチベーション低下を防ぐにはどうすればよいか」といった形で派生していることも多いです。一般的なアプローチとしては，面談や従業員満足度調査（ES調査）の記録をもとに問題を発見し対策を講じる，という流れがあることでしょう。そこで前半では「退職者を減らすには」という課題に対して，どのようにデータ分析のアプローチがとれるか，について考えます。

● 退職者とそれ以外の集計値，基本統計量を見比べる

退職者を減らそうとした場合，まず「退職した従業員にはどのような特徴があるのか」が興味の対象となるため，集計結果については退職者と退職していない従業員を見比べることになります。すると，退職者はある項目が平均値に対して大きい，小さいといった特徴が出てくるかもしれません。

ただし，この統計量に差が出た特徴が「当社の退職者の特徴だ」といい切れるか，についてこの時点ではまだ自信がもてないでしょう。なぜなら，退職者というのは一般的にサンプル数が少ないからです。ここで改めて「退職者に関するデータ」について確認すると，特殊なデータであることがわかります。

まず，退職者しか有しないデータがあります。それは「退職理由」であり，課題に対して直接的な情報なので最も有効なデータであることは確かですが，おそらく最も多い退職理由は「一身上の都合」と考えられるため，分析に使えないデータがほとんどだと推測されます。事前の面談などで運良く理由らしき発言を聞き出して記録できたとしても，その内容には大きな個人差があるため，非常に使いづらいデータである，と評価せざるを得ません。

結局のところ全従業員に共通するデータ項目を利用して調査を進めることになりますが，この共通するデータ項目について，従業員と退職者の間にはデータ量そのものに差があります。従業員1人あたりのデータ量が多い項目から例を挙げると，出退勤記録，日報，週報，月報，目標管理記録，面談記録，評価，ES調査結果，属性情報といったところでしょうか。特にES調査が年に1回行われるものだとすると，調査タイミングによってはおよそ1年前の記録が最新ということになるため，よほど質問に工夫を凝らさないと退職の調査に有効な情報が取れません。そして，そもそも退職者数自体が少ないため，退職者データをなるべくたくさん用意しようとするならば，過去数年に遡ってデータを集めることになります。しかし，当然ながら退職者のデータは退職後には収集できないので，データの分量も少なければ古いデータも多い，というやっかいな分析案件である，ということがわかります。

退職者自体が極端に少ない場合や退職者に関するデータに欠損が多すぎる場合（**表4.4**）は分析自体が困難であり，様子見で分析を回してみても最初から手詰まりになる（分析するためにプログラムを走らせても，欠損値があるがためにエラーが返ってくる）こともよくあります。

そこで，データの前処理作業の時点でできるだけ工夫を凝らす必要があります。サンプル数自体を増やすことはできないので，既存のデータを前処理の段階でうまく手入れするほかないのです。

表4.4 退職者A氏の退職後は全てのデータが欠損値（データなし）になる例

	2020年のES調査					2021年のES調査				
	Q1	Q2	Q3	Q4	…	Q1	Q2	Q3	Q4	…
A氏	2	2	5	1	…	退職のためデータなし				…
B氏	3	4	4	3	…	3	3	4	3	…
C氏	2	3	2	5	…	2	3	2	4	…
D氏	5	4	5	5	…	4	5	5	3	…
…	…	…	…	…	…	…	…	…	…	…

● 前処理の方針

従業員の退職は，「時間の経過で従業員に何かしらの変化があり，退職に関係する何らかの原因が生じ，結果的に退職という状態になる」と考えられます。そこで，時系列になっているデータをある一定の期間で区切って観察するべく，週または月ごとに分けて考えます。そして，他の従業員と何か違う傾向が出ているのかどうかを知りたいので，データを「(月別にする場合) 月ごとに集計したもの」として，データを整えます。この時点で，退職者のデータと全体平均値を見比べたときに大きく差があるデータ項目や，退職者がもつデータのうちばらつき（標準偏差）が大きいデータ項目は何か，といった情報はできるだけ拾っておくとよいでしょう。

さらに，この時点で考えられる仮説があるのなら，早々にデータに織り込みます。例えば「月曜日にギリギリに出社するとモチベーションが下がっているかもしれない」と考えるなら，月曜日だけの集計をして新たな説明変数として用意しておくことが望ましいです。

またES調査結果がある場合，これも統計量（平均値など）との差分を差し込んでおきます。もし自由記述があるのなら，形態素解析を使って「どのような単語があったのか」というデータにしておくのも有効です。

いずれ不要になるかもしれませんが，前処理の段階であらかじめ考えられる仮説に基づいたデータ項目をできるだけ多く説明変数として入れておく，というのがポイントです（**図4.22**）。

	…	4月20日(月)	4月21日(火)	4月22日(水)	…
Aさん	…	8:58	8:50	8:52	…
Bさん	…	8:55	8:52	8:48	…
Cさん	…	欠勤	8:55	8:56	…

・4月は定時（9:00）とどれくらい誤差があるか？
　→他の月はどうか？　年間だとどうか？

・誤差のばらつき（分散，標準偏差）はどうか？
　→他の月はどうか？　年間だとどうか？

・全従業員と比べて（平均や標準偏差の）差異はどれくらいか？
　→『同部署内』ではどうか？

【経験則から】
「月曜日にギリギリ出社し出すと，
　何か問題を抱えているかもしれない」

・月曜日のみに絞って集計してみてはどうか？
・前の週の月曜日より遅く出社した回数を入れてみるか？

図4.22　従業員の出勤記録と気づき

◎ 退職するかどうかを計算するアプローチ

従業員が退職するかどうかは，「顧客が商品を買うかどうか」と同様，そうなるかどうかの「2値」の問題と考えられるため，決定木分析による「当てはまるか，当てはまらないか」と同様の分析アプローチが可能です。さらに，「顧客がどれくらいの確率で商品を買うかどうか」というアプローチがあるのと同様に，退職確率を計算する方法もとれるため，ロジスティック回帰分析で算出可能です。また，機械学習を用いるのであれば，前者は分類問題，後者は回帰問題になるため，ランダムフォレストを活用して計算し，どの説明変数がどれくらいの特徴量となっているのかを探るアプローチも有効です。

以上が，従業員が分析対象となっているケースの一連の流れでした。ここでは「退職するかどうか」という，どちらかといえばネガティブなテーマで解説を行いましたが，これが「ハイパフォーマーになりそうな従業員を見抜けるか」といったテーマでも考え方は同じです。「モチベーションの度合いの測定」といったテーマであっても，結局は回帰問題に落とし込むことができます。

やはり重要なのは「どのようなデータを準備できるか」であり，同じ部門，部署に所属する集団は似たような集計結果になる可能性が高く，属性情報以外で個人差が大きく出そうな項目はES調査内容（アンケート項目）であることは明白なので，データの準備段階，作成段階から工夫する必要があります。うまく分析できて何かしらの特徴が見えたら，積極的にES調査内容を見直しながら常に調査項目（質問内容）をアップデートしていくのが，長い目で見て得策です。

2 従業員データを分析の材料とするケース

後半では，データ分析の対象が顧客データであり，何かしら仮説を考え出すときに従業員に関するデータを活用する，というテクニックについて解説します。ここでいう仮説とは，「この商品はこういう理由で売れている」といった仮説や，「この分析結果ならこの施策が効きそうだ」といった，いわば社内のさまざまな意見について，どの意見がどれくらい信ぴょう性が高そうか，それを従業員データをうまく利用して予測などに反映させよう，というものです。具体的には，「従業員データを使って社内の意見に重み付けを施す方法」です。

ミクロな観点

重み付けの一例としては，既に3.4節2項で解説しました。3.4節2項の例では3つの選択肢について，どれが正解かを2人（甲専務と乙部長）が議論しており，過去のデータを使って事後確率を計算し，3つの選択肢それぞれの元の正解率1/3（33%）を変化させました。これは「どれも同じ確率だったものに，別のデータを用いて重み付けを行う操作」になっています。この例では過去の成績（何回挑戦して，何回成功したか）を重み付けの計算材料としていましたが，従業員のデータ項目には，役職，勤続年数，評価といった種類のデータがあります。これらデータ項目のうち「役職」という項目は数字ではない「質的データ」に該当するため，数値化しづらいものです。しかし，このようなデータは単純なアイデアで「重み付け後の数値」に変換することができます。

データの数値を適当な換算式に基づいて調整する方法を**正規化**といい，具体的な方法はさまざまありますが（補足参照），一例を挙げると「最も高いものを1，低いものを0として，各データを0から1の範囲に収める」という正規化があります。イメージとしては，例えば役職が「一般社員，主任，係長，課長，部長」と5段階あるとすると，一般社員が0，部長を1として各役職を数値に変換します。しかし，例えば，隣り合う役職の差が等しくなるように，それぞれ「0，0.25，0.5，0.75，1」と重み付けの比率を設定すると，一般社員の重み付けが0となり全く考慮されないことになり，さらに一般職である係長と管理職である課長の距離（差）が他と同じである点に違和感をもつ人もいると思います。

補足

よく使うデータの正規化に，次のものがあります。

①最小値を0，最大値を1にする正規化

$$[\text{正規化後の数値}]=\frac{[\text{各自回答}]-[\text{最小値}]}{[\text{最大値}]-[\text{最小値}]}$$

②平均を0，分散を1にする正規化（分散正規化）

$$[\text{正規化後の数値}]=\frac{[\text{各自回答}]-[\text{平均値}]}{[\text{標準偏差}]}$$

なお，②は「標準化」といわれることが多いです。

今回のような「役職ごとの意見に，どのように重み付けを行うか」といった場合は，単純に「役職ごとに平均値をとる」という方法が使えます。役職ごとの頭数で割った平均値が自動的に重み付けを行っている理屈は，**図4.23**のように説明できます。この操作により，5属性（役職）それぞれの数値が整います。これにより「5人分の意見が出そろった」と同じ状況になるため，今度はこれら5つの数値の平均値をとれば，「重み付けを行ったうえでの全従業員の意見＝予想」と見ることができます。

表4.5は，新商品の売れ行き予想について，次の5段階アンケートを実施し，3通りの重み付けによる計算結果を示したものです。

5：とても売れる／4：多少売れる／3：普通／
2：あまり売れない／1：全く売れない

アンケート対象は，部長1人，課長1人，係長1人，主任3人，一般社員10人とします。

このような操作に違和感や抵抗感，何か気持ちの悪い印象を抱くかもしれませんが，これもモデリングの一つであり，初動で試してみる価値はあります。事実，経験年数と役職は正の相関関係にあるため，単純に各役職の平均値を使うだけでも，まさしくカンと経験を計算に組み込んでいることになります。もし，この調査で「その回答にどれくらい（何％くらい）自信があるか？」を聞いていたとすると，それを前処理の計算に組み込んでみることも精度向上につながるでしょう。

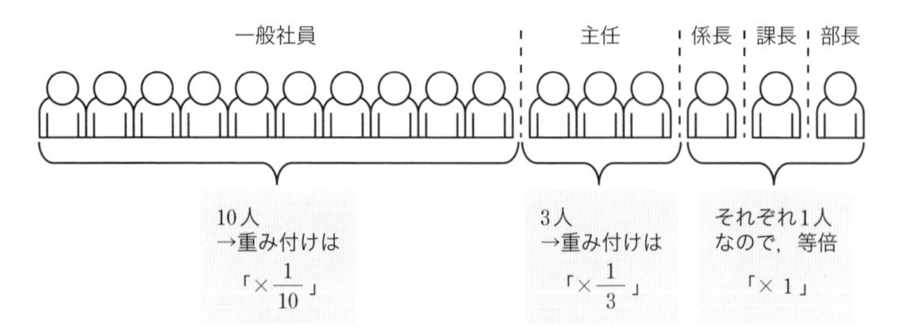

役職内平均値の計算により，役職ごとに重み付けを行っていることになる
→平均をとる操作が
「人数の多い集団（下位役職）ほど個人の意見の強さを薄める」
という重み付け操作を行っていることになる

図4.23 役職ごとに重み付けを行う例

表4.5 意見に重み付けを行った後の計算結果例

	社員	主任	係長	課長	部長	平均値	全社的な予想結果
経験豊富な上位役職者が強気なケース	1.2	2	4	4	5	3.24	普通〜多少売れる
意見にややバラツキが生じたケース	3.1	2.7	4	2	2	2.75	普通（やや弱気）
経験の少ない下位役職者が強気なケース	4.1	3.7	2	1	1	2.35	あまり売れない

マクロな観点

重み付けはかなりミクロな視点の手法でしたが，もう少しマクロな観点で従業員データを活用する方法を次に紹介します。まず「従業員は，自社商品サービスについて最も良く知る（情報量をもっている）消費者である」という仮定を置きます。しかし，当然全ての従業員がある商品サービスについて精通しているわけではありません。もしかすると，その商品サービスについて何らかの事情でネガティブな印象を抱いている従業員もいる可能性があります。そこで，上の仮定を「従業員の中に，自社商品サービスについて有効な販売施策が思い付くほど精通している人材がいるかもしれない」と修正します。これにより，分析の目的が「その商品サービスの売上向上について有益な情報をもつ従業員の探索」となりました。

このように分析の目的を「有益な情報をもつ人材を特定すること」と設定した場合，具体的には，クラスター分析を行います。その際に使用するデータはES

調査結果など，用意できるだけのデータを用意します。できればその商品サービスに関するアンケートがあるとベストです。

そして，ここが重要なポイントとなりますが，「部署など属性情報を除外する」という操作を行います。部署やチームは意図的に作られた属性であり，情報量や知識レベルが横並びになっている集団である可能性が高く，属性情報を分析用のデータに説明変数として組み込むことは意外性（セレンディピティ）の発見とは逆の重み付けを行っていることになるためです。あくまで狙いは「商品サービスについて客観的な視点を別の角度からもつ人材（の意見）」を探し出すこと，であるからともいえます。

データが準備できたらクラスター分析を実行するのですが，「クラスター数をどう設定するか」が次のポイントです。そこで，「まずはクラスター数を「5」にする」という方法を取ります。その理由は，イノベーター理論（3.6節3項）に基づきます。イノベーター理論では消費者をイノベーターからラガードまで5段階で定義しており，商品やサービスに関して興味関心度合いの高さ，これはおおよそ商品サービスに関する知識量と見ることができるからです。

5つのクラスターに分かれたら，クラスターごとに基本統計量をとり，平均的なクラスターよりも特徴のあるクラスター（平均から何かが大きい，小さい，それぞれの方向に離れたクラスター）に着目します。属性情報は隠している状態なので，実際にその商品サービスに関わる部署の従業員が多いクラスターがあれば，それは着目すべきクラスターになります。逆に，全く関わりのない従業員や，例えばESが低い従業員が多いクラスターについても，着目すべきクラスターになります。これは，前者は「興味関心の高い消費者の意見」，後者は「興味関心の低い消費者の意見」と見ることができるため，意外性を帯びた客観的な意見や仮説を社内から拾うことができる可能性があります。

ここでのクラスター分析は非階層クラスターを想定していますが，従業員数が少ない場合は階層クラスター分析によって「誰と誰が近いのか」という観点でも問題ありません。この場合，その商品やサービスに最も関わる従業員からの近さ，遠さから「使えそうな意見をもつ従業員かどうか」を探索できます。

今回は従業員に関するデータの活用方法について，その利用アイデアを紹介しました。商品やサービスには必ず存在意義があり，それを確実に理解しているのはその商品やサービスに関わっている従業員です。当然ながら購買データは購入されないと集まらないため，特に開発中の新商品や新サービスに関しては従業員の意見の比重を大きくすることになります。また，実際に消費者の意見が集まった場合，従業員データで作成した予測はベイズ推定の事前確率（更新前の本来の売れる確率・販売ポテンシャル）と考え，新たに集まった購入者の意見などデータによって事後確率（新情報によって補正された，本来売れる確率・販売ポテンシャル）を求める，といった使い方もできるようになります。従業員から集めたデータは，早い段階で商品サービスに関する未知の知見を探索するために活用できる貴重な材料にもなる，ということです。

4.4 実務データで生じる各種問題への対処アイデア

最後に，ビジネスデータ分析の実務を遂行するうえで生じるさまざまな問題をいくつかピックアップして，その内容について対処アイデアを紹介します。

1 欠損値への対処法

データの前処理で一番の悩みどころは，「欠損値をどのように処理すればよいか」です。この対処法，つまり欠損値の埋め方にはさまざまな方法がありますが，特にビジネスの現場で使いやすい方法をいくつか紹介します。

◎ データから直接欠損値を埋めるアプローチ

①平均値で埋める

欠損値があるデータ項目の平均値を算出し，その平均値で欠損値を埋めます。ばらつきの大きいデータの場合は適していません。一般的なデータはばらつきが大きく「平均的な人は，現実には少ない」ということもあるので，「その項目についてばらつきが小さいグルーピングができていれば有効な手段」ということになります。簡単な方法ですが使える場面が限られることが多いです。

②中央値で埋める

欠損値があるデータ項目の中央値を求め，判明した中央値で欠損値を埋めます。この方法は5段階アンケートのような，データのパターンが限られているようなケースで有効です。平均値よりも分析結果が安定することもあるため，平均値と併せて検討したいアプローチです。

③ベイズ推定を使って埋める

対象が確率である場合，ベイズ推定も有効です。特徴としては計算結果が「0」にならないため，「現実的に0ではないだろう」と思われる欠損値については，ベイズ推定からアプローチすると何らかの値が導き出されます。ベイズ推定では「本来の確率」を推定しますが，これにサンプル数，頭数を掛け合わせることで期待値が算出できるため，この期待値で欠損値を埋めることも可能です。

欠損値を埋めるほかのアプローチ

欠損値を埋める方法はほかにも，線形補間，多重代入法といった方法があります。実践ではデータがどのようなものなのかを念頭に置きつつ，欠損値の対応にかけられる時間と労力とのバランスを見ながら方法を選ぶことになります。

2 はずれ値の対処法

収集したデータには，ときに他の値と極端に値が異なるデータが存在することがありますが，これを「はずれ値」といいます。このはずれ値は，特にデータを視覚化したときに顕著になることが多く，取扱いが難しいケースも多々があります。

図4.24のようなデータの場合，はずれ値らしきサンプルは3件ですが，この3件を「はずれ値グループ」とするには件数が少なすぎますし，そのまま使うにしても基本統計量などに悪い影響を及ぼしてしまいます。

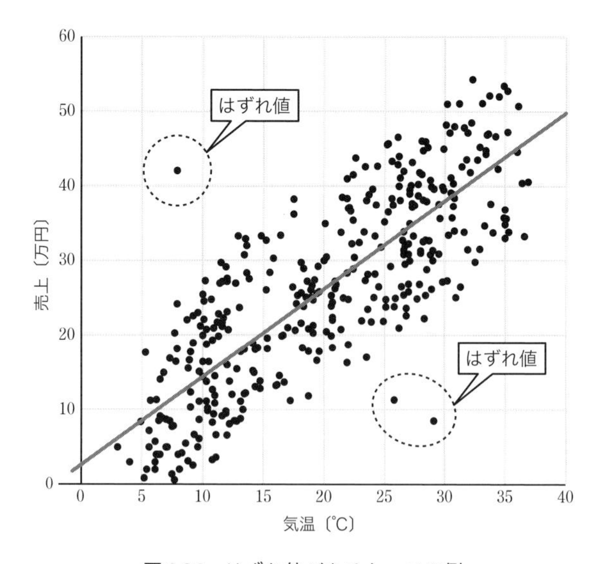

図4.24　はずれ値があるケースの例

ビジネスデータ分析においては，これらのはずれ値は場面によって使用したり，しなかったりするのがよいです。例えば，売上に関して平均値をとりたいなら除外し，要因を考えるなら含む，とします。その都度，「今回利用したデータは何件か」を明示して，後で振り返るときに，そのはずれ値としたサンプルがあるのか，ないのかが確実にわかるようにしておく必要はあります。

ビジネスの現場のデータ分析は分析のフェーズにより興味の対象，つまり調査目的が移り変わることが多々あります。ここでいいたいことは，「ビジネスの現場のデータについて，前処理の段階ではずれ値となるサンプルを発見し，最初から除外して以後一切使用しない」という処理を行ってしまうと，除外したサンプルが有していたデータの中に次の仮説につながる情報が含まれていた場合，それを拾うことができなくなってしまう危険がある，ということです。よって，完全にその時点の調査目的にそぐわない場合でもない限り，はずれ値と見られるサンプルについては極力残しておくことをお勧めします。

結論としては，ビジネスデータ分析作業において，はずれ値については「基本的に残し，目的に応じて除外する」というスタンスで問題ないでしょう。

補 足

逆に，「質的には全く問題のないサンプルなのに，場合によっては意図的に除外するケース」もあります。例えば，顧客の属性情報に関するデータなのに内容が全く同じ回答や，明らかに異質で悪意のある数名の回答，といったケースです。ビジネスデータは人的ミス，作為的な記録など実験データとは全く異なる類のデータなので，違和感のあるデータに遭遇したときはあらゆる可能性を考慮する必要があります。

3 有意差検定における「P値」の解釈

アンケートなどの調査でよく出てくるのが**有意差検定**です。

有意差検定とは，例えば「そう思う／そう思わない」といったアンケートの結果から，その両者（各回答者数）の差が「統計的に差がある，として良いのかどうか」を判定する方法のことです。

著者がある通販番組を見ていたところ，商品紹介のテロップで次のようなメッセージが出ました。

メッセージ例 アンケートでは，30人中26人が「この改良版サプリで痩せた」と答えました（P値＝0.007で有意差あり）。

このメッセージが伝えたいことは，次のようになります。

- 「この改良版サプリは効果があった」と答えた方が30人中26人，これが偶然（つまり誤差）である確率は，0.7%しかない。なので，このサプリは効果があるといえる。

メッセージ例には，まず「この改良版サプリは効果がある」ということをいいたい，という思惑があります。このいいたいこと，主張したいこと，思惑の背後には「この改良は効果あり」という仮説があるのです。そして，逆に「この改良版サプリは効果なし」，つまり「この改良は効果がないが，たまたま30人中26人に効果があった」という仮説を設定します。これが「**帰無仮説**」であり，これは「仮説が正しいことを主張したいがために，後で否定（棄却）するために立てた仮説」です。なお，本来主張したい仮説のことを，帰無仮説と対立している仮説ということで「**対立仮説**」といいます。これを整理すると，次のようになります。

- 30人中26人が「この改良版サプリで痩せた」と答えた。
  対立仮説：「この改良版サプリは効果があるので，30人中26人に効果があった」
  帰無仮説：「この改良版サプリは効果がないが，たまたま30人中26人に効果があった，という偏ったデータが得られただけだ」

また，**P値**は確率であり，その意味は次のような論理展開を考えるとよいでしょう。

1. P値より，帰無仮説「この改良版サプリは効果がないが，たまたま30人中26人に効果があった」が起こる確率は（P値の）0.7%しかない。
2. P値は，統計的に有意（意味がある）とされる基準（**有意水準**）「5%（P値＝0.05)」より小さいので，帰無仮説は棄却される。
3. よって，対立仮説は正しい。＝「この改良版サプリは効果がある」といえる。

つまり，P値は「帰無仮説が正しい度合い」という解釈になります。

統計的な有意差検定はよく使われますが，その根拠はP値によって示されるものの，この有意差検定に馴染みのないクライアントに限られた時間で理解してもらうことはなかなか困難なので，解釈のしやすい説明を紹介しました。

重要なのは，この有意差検定に関しては解釈に3つの注意点がある，ということです。

注意点① P値は「主張したい内容の素晴らしさ」を表しているわけではない

先ほどの例で，仮に「P値＝0.30」といった値になった場合の解釈です。まず，有意水準である0.05より大きいので，「帰無仮説が間違っていなそう」となります。これは「帰無仮説が正しい度合いは0.30」という意味で，結局のところ「現時点で，対立仮説＝主張したいことである「この改良版サプリは効果あり」とは，まだいえない」ということになります。あくまで得られたデータから「帰無仮説の内容が起こる度合い」がわかっただけなので，「この改良方法で効果が出る確率が70%」といったことがいえたわけでは決してありません。P値は帰無仮説で主張する内容の妥当性についての度合いなので，対立仮説については何も表現していない，つまり「効果が出る確率自体については一切言及していない」のと同じです。

注意点② 「有意差なし」は「効果がない」ことではない

「有意差」という言葉から，「違いの有無」と想像をしてしまいがちです。例えば，「グループAの女性には改良版サプリを試してもらったところ，従来のサプリを摂ったグループBと比べて効果が出た（つまり，サプリ改良の有無でグループ間に差があった）」といった内容でも，有意差検定が用いられます。ここで有意差がない場合，それは「両グループに差がない（＝改良に効果がなかった）」という意味ではありません。この場合，「有意差があるとはいえない」としか述べていないことになります。特に施策の有無（A/Bテストなど）で効果測定を行いたい場合，「有意差なし＝差がない＝施策効果なし」とするのは間違いです。

注意点③ 「有意水準5%」が厳しすぎる場合もある

有意水準は，そのほとんどが「0.05（5%）」で設定されています。これは慣習的な設定であり，実際にビジネスの現場のデータでこの0.05を下回るというのはまれだという印象が著者には強いです。よく見かける有意水準は「0.1, 0.05, 0.01」です。このあたりは明確に基準があるわけでもないので，「0.05と0.1，時と場合によりけり」とするのがよいでしょう。

補 足

著者は従来の統計的なアプローチである有意差検定を否定するスタンスではありませんが，本書ではどちらかといえば確率に関する内容を多く扱っているように，著者は有意差検定よりも「BよりもAの方が優れている確率は○%，なのでいえる」といったアプローチを好んでよく使います。興味のある方は「ベイズA/Bテスト」もしくは「ベイジアンA/Bテスト」で調べてみてください。

4 何でも正規分布を仮定

身近な例で，「20人程度のクラスで行った英語のテストの成績を並べると，英語が不得意な生徒が20点付近，英語が得意な生徒が80点付近に集まるかもしれないが，これが全国規模のテストでグラフ（ヒストグラム）をつくると，正規分布のような形になりそうだ」というものがありますが，この理屈は妥当であると考えられます。これは「(現時点では真の分布の形はわからないが) サンプルを無限に大きくしていくと，正規分布に近づく」という「中心極限定理」によるものです。

この妥当性から，「現時点では，本当はどんなグラフの形（つまり確率分布）なのかはわからないが，いつか正規分布になるのなら，正規分布だと仮定すればよいだろう」というアイデアが生まれます。すると，「身近なビジネスのデータについて，このアイデアは妥当なのか？」という疑問がわきます。

その疑問に対する著者の答えは，「理論的には問題なし，ただし現実的でない」です。なぜなら，無限に近いデータで成り立つ事柄から見れば，ビジネスの現場のデータはサンプル数が少なすぎるからです。既に取り上げたように，売り手の興味の対象は「女性の方が売れる？」「女性のうち20代に絞った方が売れる？」といったように小さいセグメントに移り変わり，使えるデータが細分化される傾向が強いため，サンプル数は理論的な理想とは逆に少なくなっていくことがほとんどです。

より現実的に確率分布を想定するなら，ケースによって正規分布以外の確率分布を想定することが望ましいです。ほんの一部ですが，ビジネス現場に近い例を紹介します（なお，本書でこれまで扱っていないものもありますが，それらは巻末の参考文献などを参考にしてください）。

例1 事故，クレームなど，あまり起こらない事柄の発生回数を見積もりたいとき。あまり起こらない事象，といえばポアソン分布を仮定した当てはめが妥当です。

例2 事故，クレームが発生するまでにどれくらいの時間になるのか，の確率を見積もりたいとき。このようなケースでは指数分布を想定します。ポアソン分布は回数に着目しますが，こちらは発生時間の間隔に着目します。

例3 「初回来店してくれるまでに何回電話をかければよいか」といった場合に，最も可能性の高い回数を調べたいとき。初めて成功するまでの試行回数が従う確率分布である「幾何分布」を考えます。

例4 「10回来店してくれるまでに何回電話をかければよいか」といった場合に，最も可能性の高い回数を調べたいとき。幾何分布の例に似ていますが，こちらは「k回成功するまでの」試行回数が従う確率分布で，これは「負の二項分布」になります。

例5 購買頻度について予測モデルを考えたいとき。購入者一人一人はポアソン分布，全体で見ると負の二項分布という確率分布になることが知られています。

例6 「導入するかどうか」で，「購入した人数が◯人になる確率」が興味の対象となっているとき。これはコイン投げで何回表が出るか，と同じ問題なので，二項分布に従います。

例7 「購入するかどうか」といった2値の問題で「そうなるかどうかの確率」が興味の対象となっているとき，4.2節で紹介したように，2値の確率ならベータ分布が適しています。

ビジネスの現場では正規分布が使えないのか，というとそうではありません。正規分布は「中央値と平均値が一致している」という特徴があるため，十分なデータが集まったとき，平均値と中央値が限りなく近ければ，そのデータは正規分布に従っている，と見ることができます。

補足

数学的に，例えばポアソン分布や二項分布は，その試行回数をとても大きくしていくと，やがて正規分布に近づくことが知られています。

いくつか例とともに確率分布を取り上げましたが，身近な事柄を先の例のどれかに置き換えられるなら，データを集めてその確率分布を求めてみると，それは「その身近な事柄についてモデルを作った」ことになります。確率分布は，データの種類が少なく機械学習や統計的なアプローチができないような状況であっても活用しやすいので，身近な集計値などで試しながら練習してみると，さまざまな使いみちの発見につながることでしょう。

まとめ

本書では，データを単なる記録でなく，理論・各種手法を駆使し，現実＝現場で使える武器にするためのメソッドについて，そのエッセンスを解説しました。統計学や確率論，行動経済学やマーケティング理論はそれぞれ別々に学び進めることはできますが，ビジネスの現場では，習得した知識をどのように組み合わせて活用するか，というアイデアが求められます。目の前の状況や収集したデータと習得した知識をリンクさせるため，著者自身の実務経験をもとに実践例を紹介した本章を含む，本書で取り上げた例やストーリーから「現場で活かすエッセンス」を身に付けて，アイデアを生み出していただけることを期待しています。

参考文献

【第1章】

・ダン・アリエリー 著，熊谷 淳子 訳：予想どおりに不合理―行動経済学が明かす「あなたがそれを選ぶわけ」，早川書房（2013）

【第2章】

・YouTube　慶應義塾Keio University「【理工学部講義】応用確率論」
https://www.youtube.com/playlist?list=PL7D76A37FD1490743

【第3章】

・大村 平：統計解析のはなし【改訂版】―データに語らせるテクニック，日科技連出版社（2006）

・金 明哲：Rによるデータサイエンス（第2版）―データ解析の基礎から最新手法まで，森北出版（2017）

・水上 ひろき・熊谷 雄介・高野 雅典・藤原 晴雄：データ活用のための数理モデリング入門，技術評論社（2020）

・牧本 直樹 著，筑波大学ビジネス科学研究科 監修：ビジネスへの確率モデルアプローチ（シリーズ・ビジネスの数理），朝倉書店（2006）

・藤田一弥 著，フォワードネットワーク 監修：見えないものをさぐる―それがベイズ～ツールによる実践ベイズ統計～，オーム社（2015）

・キャメロン・デビッドソン＝ピロン 著，玉木 徹 訳：Pythonで体験するベイズ推論―PyMCによるMCMC入門，森北出版（2017）

・斎藤 康毅：ゼロからつくるDeep Learning―Pythonで学ぶディープラーニングの理論と実装，オライリー・ジャパン（2016）

・横内 大介・青木 義充：現場ですぐ使える時系列データ分析―データサイエンティストのための基礎知識，技術評論社（2014）

・馬場 真哉：時系列分析と状態空間モデルの基礎―RとStanで学ぶ理論と実装，プレアデス出版（2018）

【第4章】

・大村 平：予測のはなし【改訂版】―未来を読むテクニック，日科技連出版社（2010）

・ウィル・カート 著，水谷 淳 訳：楽しみながら学ぶベイズ統計，SBクリエイティブ（2020）

・森岡 毅・今西 聖貴：確率思考の戦略論―USJでも実証された数学マーケティングの力，KADOKAWA（2016）

索引

さ行

た行

な行

は行

ま行

や行

ら行

〈著者略歴〉
石 居 一 平（いしい　いっぺい）
関西学院大学法学部政治学科卒業後，
e ラーニングサービス運営事業会社に
勤務し，データ分析業務・データ活用
コンサルティング業務に従事。
IT 系人材派遣会社を経て，2021 年より
フリーランスに転身。

ビジネスの現場で活かすデータ分析メソッド

2022 年 11 月 30 日　　第 1 版第 1 刷発行

著　　者　石 居 一 平
発 行 者　村 上 和 夫
発 行 所　株式会社 オーム社
　　　　　郵便番号　101-8460
　　　　　東京都千代田区神田錦町 3-1
　　　　　電話　03(3233)0641(代表)
　　　　　URL https://www.ohmsha.co.jp/

組版　BUCH⁺　　印刷・製本　壮光舎印刷
ISBN978-4-274-22743-1　Printed in Japan